3ds Max 2025 从入门到精通

耿晓武 著

中国铁道出版社有限公司
CHINA RAILWAY PUBLISHING HOUSE CO., LTD.

内 容 简 介

本书系统地讲解了中文版 3ds Max 2025 的各种工具和命令的使用，具体包括初识 3ds Max 2025、基本操作、基础建模、高级建模、灯光、摄影机、材质和贴图、渲染，以及基础动画和高级动画等相关工作中使用到的关键知识点。在具体介绍过程中均辅以实战案例，并穿插技巧提示和答疑解惑等，帮助读者更好地理解知识点，使这些案例成为读者以后实际学习和工作的提前"练兵场"。

本书汇集了笔者多年的设计经验和教学经验，讲解简练、直观，每个理念知识配合相应的案例进行讲解，既可以作为艺术类院校艺术设计、装潢设计、室内设计、影视动画等专业的教材，也可以作为业余自学或培训教材使用。零基础的读者可以根据本书内容逐步掌握制作效果图、动画的步骤和方法，有一定基础的读者可以从中学到新颖的设计和制作思路。

图书在版编目（CIP）数据

3ds Max 2025 从入门到精通 / 耿晓武著. -- 北京：中国铁道出版社有限公司，2025.7. -- ISBN 978-7-113-32292-2

Ⅰ. TP391.414

中国国家版本馆 CIP 数据核字第 202547T3N3 号

书　　名	**3ds Max 2025 从入门到精通**
	3ds Max 2025 CONG RUMEN DAO JINGTONG
作　　者	耿晓武

责任编辑	张亚慧	编辑电话：（010）51873035	电子邮箱：lampard@vip.163.com
封面设计	宿　萌		
责任校对	苗　丹		
责任印制	赵星辰		

出版发行：中国铁道出版社有限公司（100054，北京市西城区右安门西街 8 号）
网　　址：https://www.tdpress.com
印　　刷：河北宝昌佳彩印刷有限公司
版　　次：2025 年 7 月第 1 版　2025 年 7 月第 1 次印刷
开　　本：787 mm × 1 092 mm　1/16　印张：13.75　字数：343 千
书　　号：ISBN 978-7-113-32292-2
定　　价：79.00 元

版权所有　侵权必究

凡购买铁道版图书，如有印制质量问题，请与本社读者服务部联系调换。电话：（010）51873174
打击盗版举报电话：（010）63549461

前言

　　3ds Max是由Autodesk公司制作开发的，集造型、渲染和制作动画于一身的三维制作软件，广泛应用于广告、影视、工业设计、建筑设计、多媒体制作、游戏、辅助教学及工程可视化等领域，深受广大三维动画制作爱好者的喜爱。

　　本书内容以3ds Max 2025中文版本为操作主体，围绕效果图制作、产品设计和视频动画等方面展开。全书共分为15章，第1章~第2章为3ds Max的基础知识，第3章~第5章为常见的三维、二维和复合对象建模，第6章为高级建模部分，第7章~第8章为材质和灯光部分，第9章为摄影机部分。第10章~第11章为动画基础，第12章为动力学，第13章为环境特效和毛发系统，第14章为粒子特效，第15章为综合动画案例。

　　结合笔者多年积累的专业知识、设计经验和教学经验，考虑到困扰广大初学者在学习该软件过程中所遇到的最大问题，并非软件的基本操作，而是如何将所学操作灵活应用于实际的设计工作中。因此，在本书的内容设计方面，不以介绍3ds Max软件的具体操作方法为终极目的，而是围绕实际运用，在讲解软件的同时向读者传达更多深层次的信息——"为什么这样做"，引导广大读者获得举一反三的能力，更多思考所学软件如何服务于实际的设计工作。

　　本书内容力求详尽，条理清晰、图文并茂。讲解由浅入深、层次分明，知识点上深入浅出。

广大读者在学习技术的过程中不可避免地会碰到一些难解的问题，如果读者在学习过程中需要我们的帮助，请添加封面微信好友，拉您进群，与更多群友进行技术交流。

由于编者水平有限，书中难免有欠妥之处，恳请读者批评指正。

编　者

2025年2月

目录

第1章 3ds Max 2025基础知识

1.1 3ds Max 2025 新增功能 ………………………… 2

1.2 基本操作 ………………………………………… 4

    1.2.1 软件界面 ………………………………… 4

    1.2.2 基本操作 ………………………………… 6

    1.2.3 首选项设置 ……………………………… 7

    1.2.4 文件操作 ………………………………… 8

    1.2.5 实战：文件归档 ………………………… 8

第2章 软件基础操作

2.1 基本操作 ………………………………………… 10

    2.1.1 物体创建 ………………………………… 10

    2.1.2 控制对象 ………………………………… 11

    2.1.3 选择对象 ………………………………… 11

    2.1.4 双重工具 ………………………………… 12

    2.1.5 捕捉设置 ………………………………… 14

2.2 复制和群组 ……………………………………… 15

    2.2.1 变换复制 ………………………………… 15

    2.2.2 阵列复制 ………………………………… 16

    2.2.3 路径阵列 ………………………………… 19

    2.2.4 镜像复制 ………………………………… 19

    2.2.5 对　齐 …………………………………… 20

    2.2.6 群组和选择集 …………………………… 21

2.3 实战案例——电视柜组合造型 ………………… 22

    2.3.1 创建主体 ………………………………… 22

    2.3.2 阵列复制 ………………………………… 23

    2.3.3 储 物 柜 ………………………………… 23

第3章 三维编辑

3.1 编辑器配置 ……………………………………… 26

    3.1.1 基本操作和认识 ………………………… 26

    3.1.2 个性化修改器 …………………………… 26

i

3.2 常用的三维编辑命令 ·· 27
   3.2.1 弯　曲 ··· 27
   3.2.2 锥　化 ··· 29
   3.2.3 扭　曲 ··· 30
   3.2.4 晶　格 ··· 32
   3.2.5 FFD（自由变形）································· 34
3.3 实战案例——抱枕、办公座椅 ····························· 35
   3.3.1 抱　枕 ··· 35
   3.3.2 办公座椅 ·· 36

第4章　二维编辑

4.1 二维图形 ··· 40
   4.1.1 图形创建 ·· 40
   4.1.2 图形参数 ·· 40
4.2 编辑样条线 ·· 41
   4.2.1 点 编 辑 ·· 41
   4.2.2 段 编 辑 ·· 44
   4.2.3 样条线编辑 ······································· 45
4.3 常见的二维编辑命令 ······································· 45
   4.3.1 挤　出 ··· 46
   4.3.2 车　削 ··· 47
   4.3.3 倒　角 ··· 48
   4.3.4 倒角剖面 ·· 48
4.4 实战案例——推拉窗、风扇、八边形展示架 ·········· 49
   4.4.1 推 拉 窗 ·· 49
   4.4.2 风　扇 ··· 50
   4.4.3 八边形展示架 ···································· 53

第5章　复合对象

5.1 布尔运算 ··· 56
   5.1.1 布尔运算基本操作 ······························ 56
   5.1.2 ProBoolean（超级布尔）······················ 57
   5.1.3 布尔应用 ·· 57
5.2 图形合并 ··· 58
5.3 放　样 ·· 59
   5.3.1 放样操作 ·· 59
   5.3.2 放样分析 ·· 60

5.3.3 截面图形对齐 ………………………………… 61
  5.3.4 多截面图形放样 ……………………………… 61
5.4 实战案例——罗马柱、石膏线、羽毛球拍、
  扭曲花瓶 ………………………………………… 63
  5.4.1 罗 马 柱 ………………………………………… 63
  5.4.2 石 膏 线 ………………………………………… 65
  5.4.3 羽毛球拍 ………………………………………… 66
  5.4.4 扭曲花瓶 ………………………………………… 68

第6章 高级建模

6.1 编辑多边形 …………………………………………… 72
  6.1.1 选择参数 ………………………………………… 72
  6.1.2 编辑顶点 ………………………………………… 73
  6.1.3 编 辑 边 ………………………………………… 74
  6.1.4 编辑边界 ………………………………………… 76
  6.1.5 编辑多边形 ……………………………………… 77
  6.1.6 编辑元素 ………………………………………… 78
6.2 实战案例——钛金茶几、随机旋转背景墙、扭曲花瓶、
  瓶盖、钻面碗、室内空间、球形沙发椅、硬包背景墙、
  波浪背景墙 ……………………………………… 79
  6.2.1 钛金茶几 ………………………………………… 79
  6.2.2 随机旋转背景墙 ………………………………… 81
  6.2.3 扭曲花瓶 ………………………………………… 83
  6.2.4 瓶　　盖 ………………………………………… 85
  6.2.5 钻 面 碗 ………………………………………… 88
  6.2.6 室内空间 ………………………………………… 92
  6.2.7 球形沙发椅 ……………………………………… 95
  6.2.8 硬包背景墙 ……………………………………… 98
  6.2.9 波浪背景墙 ……………………………………… 100

第7章 材质编辑

7.1 材质基础知识 ………………………………………… 104
  7.1.1 理论知识 ………………………………………… 104
  7.1.2 材质编辑器 ……………………………………… 104
7.2 常见材质 ……………………………………………… 105
  7.2.1 物理材质 ………………………………………… 106
  7.2.2 多维/子对象材质 ……………………………… 107

7.3 常见贴图 ···············108
7.3.1 位　　图 ···············108
7.3.2 棋盘格贴图 ···············110
7.3.3 其他贴图 ···············110

7.4 实战案例——地面砖平铺、随机马赛克、异型空间 ···············111
7.4.1 地面砖平铺 ···············111
7.4.2 随机马赛克 ···············112
7.4.3 异型空间 ···············113

第8章　灯光调节

8.1 灯光类型 ···············118
8.1.1 标准灯光 ···············118
8.1.2 光度学灯光 ···············119

8.2 灯光添加与参数 ···············119
8.2.1 灯光添加 ···············119
8.2.2 灯光参数 ···············120
8.2.3 光度学灯光 ···············122

8.3 案例实战——阳光入射效果、透明材质、室内场景布光 ···············123
8.3.1 阳光入射效果 ···············123
8.3.2 透明材质 ···············124
8.3.3 室内场景布光 ···············125

第9章　摄影机

9.1 摄影机添加 ···············128
9.1.1 添加摄影机 ···············128
9.1.2 参数说明 ···············128
9.1.3 摄影机安全框 ···············130

9.2 摄影机应用技巧 ···············130
9.2.1 景　　深 ···············130
9.2.2 室内摄影机 ···············131

第10章　动画基础

10.1 动画入门 ···············134
10.1.1 动画控制面板 ···············134
10.1.2 关键帧面板和帧速率面板 ···············134

10.2 关键帧动画 ………………………………………… 135
10.3 时间配置 …………………………………………… 136
　　10.3.1 帧速率设置和时间设置 ………………… 136
　　10.3.2 播放设置和动画长度 …………………… 137
　　10.3.3 关键点步幅 ……………………………… 138
10.4 曲线编辑器 ………………………………………… 139
　　10.4.1 初探曲线编辑器 ………………………… 139
　　10.4.2 曲线编辑器的运用 ……………………… 140
10.5 实战案例——球体运动 …………………………… 141

第11章 动画分类

11.1 路径动画 …………………………………………… 148
　　11.1.1 路径动画制作方法 ……………………… 148
　　11.1.2 实战应用：摄影机路径动画 …………… 149
11.2 骨骼动画 …………………………………………… 150
　　11.2.1 骨骼动画的介绍和运用 ………………… 150
　　11.2.2 IK 与 FK 转换 …………………………… 152
　　11.2.3 样条线 IK 的使用 ………………………… 154
11.3 CAT 角色动画插件 ………………………………… 154
　　11.3.1 加载 CAT 预设 …………………………… 155
　　11.3.2 CAT 绑定 ………………………………… 156
　　11.3.3 CAT 蒙皮与权重 ………………………… 159

第12章 动 力 学

12.1 MassFX 刚体 ……………………………………… 162
　　12.1.1 MassFX 工具栏 …………………………… 162
　　12.1.2 MassFX 刚体案例 ………………………… 162
12.2 布料 mCloth ………………………………………… 167
　　12.2.1 布料 mCloth 基本操作 …………………… 167
　　12.2.2 实战：布料 mCloth ……………………… 167

第13章 环境和毛发

13.1 环境和效果 ………………………………………… 174
　　13.1.1 界面认识 ………………………………… 174
　　13.1.2 雾和体积雾 ……………………………… 174
　　13.1.3 体积光和镜头光晕 ……………………… 176
　　13.1.4 实战：火焰 ……………………………… 178

13.2　毛发 Hair 和 Fur 系统 ………………………… 180
　　13.2.1　实战：毛绒玩具熊 ……………………… 180
　　13.2.2　实战：人物头发 ………………………… 182

第14章　粒子特效

14.1　粒子系统 ……………………………………… 188
　　14.1.1　雪 ………………………………………… 188
　　14.1.2　暴风雪 …………………………………… 189
　　14.1.3　粒子云 …………………………………… 191
　　14.1.4　喷　　射 ………………………………… 192
　　14.1.5　超级喷射 ………………………………… 192
　　14.1.6　粒子阵列 ………………………………… 193

14.2　粒子流源 ……………………………………… 193
　　14.2.1　创建粒子流源 …………………………… 193
　　14.2.2　参数说明 ………………………………… 194
　　14.2.3　面板参数 ………………………………… 195
　　14.2.4　选择卷展栏 ……………………………… 196
　　14.2.5　系统管理 ………………………………… 197
　　14.2.6　脚　　本 ………………………………… 198

第15章　综合动画案例：自由飘落的花瓣、乱箭齐发、色块的运动

15.1　综合案例：自由飘落的花瓣 ………………… 200
　　15.1.1　动画准备 ………………………………… 200
　　15.1.2　粒子系统特效 …………………………… 200

15.2　实战案例：乱箭齐发 ………………………… 202
　　15.2.1　创建真实场景 …………………………… 202
　　15.2.2　创建动画装备 …………………………… 203
　　15.2.3　动画细节调整 …………………………… 205

15.3　实战案例：色块的运动 ……………………… 206
　　15.3.1　创建模型 ………………………………… 207
　　15.3.2　创建发射器 ……………………………… 207

第 1 章 3ds Max 2025 基础知识

本章知识点：
① 新增功能
② 基本操作

　　随着计算机的快速发展和社会的不断进步，计算机信息、平面艺术设计、三维设计、影视动画等技术，影响并改变着人们的工作、学习、生产、生活、活动和思维等方面。利用计算机、网络等信息技术来提高工作、学习和生活质量已成为普通人的基本需求。在大部分人已经掌握计算机基础的前提下，学习更高级的软件应用技术，不仅可以改变现阶段的生活状况，还可以进行生活环境的美化设计，以达到设计来源于生活、高于生活的目的。

1.1　3ds Max 2025 新增功能

3ds Max 是由 AutoDesk 公司开发的一款面向对象的智能化应用软件，具有集成化的操作环境和图形化的界面窗口。3D 就是三维空间的意思，Max 本义为最大，在此引申为最佳、最优秀、其前身是基于 DOS 操作系统下的 3D Studio 系列版本的软件，最低配置要求是 386DX，不附加处理器，如此低的硬件要求使得 3D Studio 立刻风靡全球。3D Studio 采用内部模块化设计，可存储 24 位真彩图像，命令简单，便于学习掌握。

此外，3ds Max 还具有良好的开放性，世界上很多专业的技术公司为 3ds Max 软件设计了各种插件。如 VRay、FinalRender、Brazil 等。有了这些专业的第三方插件，3ds Max 就插上了翅膀，我们可以更加方便、快捷地制作各种逼真的三维效果。

3ds Max 软件的发展经过了 1.0、1.2、2.0、2.5、3.0、4.0、5.0、6.0、7.0、8.0、9.0 及后续的以年代作为记录的版本。如 2008、2009、2010、2011、2012、2013、2014、2015、2016、2017、2018、2019、2020、2021、2022、2023、2024、2025 等。

2008 年 2 月 12 日，Autodesk 公司宣布，在以后新出的软件版本分两个类型：一个是面向娱乐专业人士的 Autodesk 3ds Max 软件，另一个是专门为建筑师、设计师及可视化专业人士量身定制的 3ds Max Design 应用软件。在 2025 版本中，又将两者融为一体，在安装软件后，首次启动时可以根据需要选择软件的版本类型。

3ds Max 每一次版本的更新，都会在业界引起不小的反响。下面就为广大读者介绍一下笔者此次所使用的 2025 版本，其是经过两次补丁升级之后的版本，其新增功能针对 2024 之前的版本有所改进。

1. 重新拓扑工具

3ds Max 2025 版本中，对于模型的网格计算方面进行了重大调整，将多边形的网格数据重建为基于四边形的拓扑计算方式，在不影响精度的情况下，增强设计，如图 1-1 所示。

减少了手动布尔运算等操作，如图 1-2 所示。

图1-1　重新拓扑

图1-2　智能挤出

2. 智能挤出

在执行"挤出"操作时，以交互的方式在三维对象上挤出面，自动重建相邻面并将其缝合，

3. 材质切换器

在给物体进行材质编辑时，可以通过"材质切换器"来用简单的方法管理多个材质的显示和切换，方便进行不同材质效果的查看和切换，需要注意的是，如果渲染器为 Arnold 时，材质切换器不会显示在材质列表中，如图 1-3 所示。

图1-3 材质切换器

4. 照明系统

3ds Max 2025 的照明系统进行了全面改进，提供了对各种光源的精确模拟功能，无论是自然光还是人造光源，均可以呈现高度写实的光影效果。通过模拟真实世界中的光照条件，3ds Max 2025 的照明系统为场景增添了深度和真实感，使得设计更加富有视觉冲击力。

5. GLTF 格式

在 3ds Max 2025 中，使用者可以在 3ds Max 场景中直接发布 GLTF 格式，在 3D 查看器中显示，不需要启动 3ds Max 就可以观看模型的效果，实时导出器如图 1-4 所示。

图1-4 实时导出器

6. 物理摄影机

在 3ds Max 2025 中，增强了物理摄影机的功能，配合着不同的渲染器，模拟真实摄影机的设置，例如，快门速度、光圈、景深和曝光等，如图 1-5 所示。

7. 材质编辑器

在 3ds Max 2025 中，对材质编辑器的操作功能进行了提升，在"Slate 材质编辑器"中的"位图"节点上单击鼠标右键，选择"查看图像"，可以快速打开"查看图像文件"窗口，如图 1-6 所示。

图1-5 物理摄影机

图1-6 查看图像

8. 场景转换器

在 3ds Max 2025 中，对于场景转换器的功能也进行了提升，可以实现无缝更换材质、灯光、摄影机和渲染器，如图 1-7 所示。

图1-7 场景转换器

1.2 基本操作

3ds Max 2025 软件对系统的要求和安装方法与以前版本类似，安装时，根据操作系统位数的类别，选择与之配套的软件版本。本书是以 3ds Max 2025 为基础进行的介绍和讲解。

1.2.1 软件界面

在新版本中，软件依然保持多国语言合一的特点，即软件安装完成后，直接就有多个语言版本，对于习惯中文版本的用户来讲，可以从"开始"菜单中选择"Simplified Chinese（简体中文）"，虽然仍有部分汉化不完整，但是已经可以解决常用的问题。进入软件界面时，会发现新版本中软件的界面 UI 都进行了全面的设计，如图 1-8 所示。

图1-8　软件界面

1. 标题栏

位于整个界面的正上方，用于显示文件名和当前软件的版本，右侧包括最小化、最大化和关闭三个操作按钮。

2. 菜单栏

位于标题栏下方，包括文件、编辑、工具、组、视图、创建、修改器、动画、图形编辑器、渲染、自定义、脚本、Arnold、Substance、Civil View 和帮助等菜单，对当前文件的基本操作，可以通过菜单栏执行。

3. 主工具栏

常用操作工具的图标形式，位于界面上方。当屏幕显示宽度超过 1 280 像素时，可以完全显示。若小于 1 280 像素时，鼠标置于中间"灰线"处时，单击并拖动鼠标，可以移动主工具栏，鼠标移动到某图标按钮上悬停时，可以出现该图标的中文名称。

4. 石墨建模工具

位于主工具栏下方的为石墨建模工具，集成了"可编辑多边形"的全部操作，在进行可编辑多边形操作时，通过石墨建模工具，方便进行高级建模的操作，单击主工具栏"显示功能区"按钮，可以执行"显示/隐藏"石墨建模工具操作。

5. 视图区

在 3ds Max 软件界面中，视图区占据了很大区域。用于显示不同方向观看物体的显示结果。默认时，视图包括顶视图、前视图、左视图和透视图。按【G】键，可以执行"显示/隐藏"视图区中的网格线操作。

在每个视图左上角分别列出视图名称、显示方式等。单击鼠标将显示不同的属性设置。视图边框呈黄色高亮显示时，表示当前视图为操作视图，如图1-9所示。

6. 命令面板

通常位于软件界面的右侧，包括创建、修改、层次、显示、运动和实用程序等选项，是进行软件操作的主要工作板块，如图1-10所示。

图1-9　视图设置

图1-10　命令面板

7. 动画控制区

位于软件界面下方，包括时间帧和动画控制按钮两部分，方便创建关键帧和进行动画设置等操作，如图1-11所示。

图1-11　动画控制区

8. 坐标

位于动画控制关键帧下面。用于显示选定对象的轴心坐标位置。单击 按钮，可以将坐标系统在绝对坐标和相对坐标之间进行切换，如图1-12所示。该工具的作用与【F12】键功能类似，如图1-13所示。

图1-12　绝对坐标和相对坐标

图1-13　移动变换输入坐标

9. 视图控制区

位于软件界面右下角区域，主要用于对视图进行缩放、移动、旋转等基本操作。每一个控制图标都有相关的快捷操作，如图1-14所示。

图1-14　视图控制区

- 　当前视图缩放操作：单击该工具，在视图中单击并拖动鼠标，实现当前视图的缩放操作。也可以通过鼠标滚轮转动，实现以光标所在的位置为中心进行缩放操作。

- 　所有视图缩放操作：单击该工具，在视图中单击并拖动鼠标，用于实现除摄影机视图以外的所有视图都进行缩放操作。

- 　当前视图最大化显示：单击该工具，当前视图的所有物体最佳显示。组合键为【Ctrl+Alt+Z】。可以从后面的下拉三角按钮中选择相应的命令，设置所选的物体最大化或是整个当前视图最大化。

- 　所有视图最大化显示：单击该工具，所有的视图最大化显示。快捷方式为【Z】键。若选择了其中某个物体，按【Z】键，则实现最大化显示选中对象的操作。

- 　缩放区域：用于对物体进行局部缩放。单击该工具，在视图中单击并拖动鼠标，框选后的区域充满当前视图。

- 🖐 **平移操作**：单击该工具，在视图中单击并拖动鼠标，可以进行移动视图操作。也可以通过按下鼠标滚轮并推动鼠标来实现视图界面的平移操作。

- 🔄 **旋转观察**：用于对透视图进行三维的旋转观察。组合键为【Alt+"平移"】。可以从后面的下拉按钮中，设置旋转观察是以视图为中心进行旋转，或是以选中对象为中心进行旋转，还是以选中对象的子编辑对象中心进行旋转。三维弧形旋转操作后不能通过【Ctrl+Z】组合键进行撤销，可以通过【Shift+Z】组合键进行还原操作。

- 🔲 **最大化视图切换**：用于对当前视图进行最大或还原切换操作。组合键为【Alt+W】。将当前视图最大化显示，方便观察物体的局部细节。

> **技巧说明**
>
> 对于软件操作的快捷键（组合键），随着版本的变化会有所不同。同时，3ds Max 2025 中的快捷键有可能与当前电脑中另外的软件快捷键有冲突。

1.2.2 基本操作

在进行软件操作前，需要对当前软件的基本参数进行简单设置，才可以将其设置成符合我们个人日常操作的习惯，毕竟每个人对软件操作或使用，都会有一些自己专属的习惯和特点。

1. 界面设置

在 3ds Max 2025 的软件界面中，默认颜色相对较深。对于习惯以前版本界面的用户来讲，刚开始可能会有些不习惯。其实没有关系，可以通过自定义 UI 的方式，将界面切换到相对较亮的程度。

执行"自定义"菜单，选择"加载自定义用户界面方案"命令，从弹出的对话框中选择用户界面方案文件，单击"打开"按钮。软件界面可以切换到不同的用户界面，如图 1-15 所示。

> **注意事项**
>
> 本书讲解内容都是以"ame-light.ui"用户界面方案显示方式为主的显示界面，方便查看内容，特此说明。

2. 单位设置

在使用 3ds Max 2025 软件制作效果图时，尺寸单位的设置很重要。精确的单位设置会让我们在后期的材质编辑、灯光调节中能够得心应手。在文件正式创建之前，需要先对当前场景进行单位设置。

执行【自定义】菜单/【单位设置】命令，弹出单位设置对话框，将显示和系统单位都更改为"毫米"，如图 1-16 所示。

图1-15　加载自定义UI

图1-16　单位设置

1.2.3 首选项设置

在使用 3ds Max 2025 软件操作时，很多常用的设置都需要通过"首选项"来执行。该操作需要广大读者多学习和查看，遇到常见错误也可以通过"首选项"来自行解决。在此简单介绍以下常用内容。执行【自定义】菜单/【首选项】命令操作，打开首选项对话框，在其中进行相应设置操作。

1. 常规选项

用于设置常用的操作选项，如图 1-17 所示。

图1-17　常规选项

- 场景撤销级别：用于设置撤销的默认次数。通过组合键【Ctrl+Z】执行撤销操作。

- 使用大工具栏按钮：去掉该选项后，主工具栏将以小图标的方式来显示。单击"确定"按钮后，需要重新启动软件，才能看到更改后的效果。

2. 文件选项

用于设置文件保存等方面的操作，如图 1-18 所示。

- 最近打开的文件：用于设置在【文件】菜单/【打开最近】命令中显示文件的个数，方便快速查看和选择曾经打开或编辑的文件，包括路径和文件名等信息。

- 自动备份：备份间隔（分钟）选项，用于设置当前文件每隔多长时间进行自动保存。首先对当前文件手动保存，设置存储的位置和文件名，自动备份的文件会以设置的文件进行覆盖。

3. 视口选项

用于设置场景视图区等方面的操作，如图 1-19 所示。

- 鼠标控制：用于设置当前鼠标操作时所起到的作用。如中间按钮起"平移/缩放"的作用。

图1-18　文件选项　　图1-19　视口选项

- 显示驱动程序：用于设置当前软件使用的驱动程序与当前计算机中显卡的驱动程序之间的匹配问题。正确的匹配可以增强当前显卡的性能，提高软件的运行速度。

4. Gizmo 选项

用于设置操作的变换轴心，如图 1-20 所示。

图1-20　Gizmo选项

- 启用：默认该选项为选中状态。选择物体后，使用移动、旋转或缩放时，中间出现变换图标。若不出现，按【Ctrl+Shift+X】组合键或选中该选项即可。

- 大小：设置 Gizmo 图标的大小。图标大小可以通过主键盘上的"+"或"-"键进行调节。

1.2.4 文件操作

在认识完界面和基本设置以后，就可以对当前文件进行基本操作，包括保存、新建、重置等操作。

1. 保存

按组合键【Ctrl+S】或执行【文件】菜单/【保存】命令，弹出文件存储界面，选择存储位置和文件名。3ds Max 存储文件格式为"*.max"，如图 1-21 所示。

2. 重置

在使用软件进行操作时，经常会用到重置操作。通过重置操作，可以将当前视图界面恢复到软件刚刚启动时的界面和状态。将视图显示和比例还原，方便创建物体时，各个视图之间的显示比例保持一致。

执行【文件】菜单/【重置】命令，弹出重置界面提示，选择存储文件、否或取消等操作。

3. 合并

在进行模型制作时，往往都是制作完成主要场景后，将该场景中用到的组件或模型合并到当前文件，提高效果图制作的效率。

执行【文件】菜单/【导入】/【合并】命令，在弹出的界面中选择 *.max 文件，单击"打开"按钮。从中选择要导入的模型，单击"确定"按钮。完成模型合并，如图 1-22 所示。

图1-21 文件保存

图1-22 合并模型

1.2.5 实战：文件归档

在使用 3ds Max 2025 软件制作效果图、产品效果图、动画和游戏场景制作时，当前场景中用到的模型、材质、贴图、灯光、声音等内容素材，在复制或通过网络渲染时，需要将其进行归档处理，方便将当前文件所用到的所有资源统一打包，再到其他电脑中打开或访问时，文件内容比较完整。

1. 文件保存

对当前模型文件设置材质、灯光和渲染等参数。

2. 文件归档

执行【文件】菜单/【归档】命令，弹出归档对话框，如图 1-23 所示。

单击"保存"按钮后，弹出写入文件命令对话框，需要等待对话框关闭后才能完成归档操作。

图1-23 归档

第2章 软件基础操作

本章知识点：
1. 基本操作
2. 复制群组
3. 实战案例

"工欲善其事，必先利其器。"在利用软件进行创作之前，需要对其进行充分了解并熟悉基本的操作方法，这样可以将更多的时间和精力留给创意和设计。而不是停留在软件基础操作部分，从而阻碍了创意设计的步伐。

2.1 基本操作

软件正确安装后，对于很多读者来讲，需要对其有一个充分的认识和了解，才可以来完成设计创意后剩下的操作部分。还可以根据设计师的个人操作习惯对其进行布局调整。

在 3ds Max 2025 软件中，物体的创建及编辑通常使用主工具栏和命令面板来进行，在命令面板"新建"选项中，包含常用的几何体、图形、灯光、相机、辅助物体、空间扭曲和系统等选项。物体创建完成后，通过主工具栏进行基本操作，包括选择、移动、旋转、缩放、复制等操作。

2.1.1 物体创建

在了解软件的基本界面和参数后，就可以着手进行模型的创建操作。对于需要创建的模型，任何一款软件都有其特有的操作方式和应用习惯。因此，读者需要了解物体创建的操作流程，才可以更好地掌握建模的思路。

1. 物体创建

在命令面板中选择"新建"选项，几何体类别，默认为"标准基本体"选项，从中选择相关的物体名称按钮，如图 2-1 所示。

图2-1 命令面板

图2-2 初始视图不同

在视图中单击并拖动鼠标，根据提示创建物体。不同的物体类型，创建方式不同。在创建物体时选择的视图不同，出现的结果也不同，如图 2-2 所示。

初始视图，是指在创建物体时，最先选择的视图。对于初学者来讲，初始视图应该选择除透视图之外的其他三个单视图。透视图主要用于观察创建物体后的整体效果。那么在这三个单视图，到底选择哪一个呢？

这个问题就如同我们平时在观察一个人时，如我想知道这个人的眼睛是单眼皮还是双眼皮，在正面（前视图）的这个方向看得最直接。若在侧面（左视图），容易不直观。因此，选择视图时，选择物体观察最直观、最全面的视图。如地面选择在顶视图创建，前墙选择前视图创建等。

2. 物体参数

掌握物体的参数，可以更快、更精确地创建物体，在此介绍常用的物体参数。其他参数广大读者可以自行学习。

- 长度：是指初始视图中 Y 轴方向尺寸，即垂直方向尺寸。

> **技巧说明**
>
> 通常具有底截面的物体，如长方体、圆锥体、圆柱体等。在创建时，初始视图通常选择底截面能看到的视图。

- 宽度：是指初始视图中 X 轴方向尺寸，即水平方向尺寸。
- 高度：是指初始视图中 Z 轴方向尺寸，即与当前 XY 平面垂直方向尺寸。
- 分段：也称段数，影响三维物体显示的圆滑程度。物体模型在进行编辑时，段数的设置是否合理，也将影响物体显示的形状，如图 2-3 所示。
- 半径：用于设置有半径参数的模型尺寸

大小。如圆柱体、球体和茶壶等。

图2-3　不同段数显示效果

2.1.2　控制对象

在对 3ds Max 2025 软件进行操作时，菜单栏下方的"主工具栏"使用频率非常高。因此，在正式学习建模前，先给广大读者介绍主工具栏的操作和使用。

1. 撤销与还原

位于"主工具栏"左侧的两个按钮。在具体进行操作时，通常使用组合键【Ctrl+Z】进行撤销操作，使用组合键【Ctrl+Y】进行还原操作。默认最多可以进行 20 次编辑的撤销和还原操作。通过【自定义】菜单/【首选项】命令，在【常规】选项中设置场景撤销级别数。

2. 暂存与取回

暂存功能与 Photoshop 软件中的"快照"功能类似，将到目前为止的操作进行临时存储，方便快速还原到暂存过的状态。与"快照"工具不同的是，在 3ds Max 2025 软件中，该暂存只能存储一次，当再次执行暂存操作时，上一次存储过的状态将不能还原。执行【编辑】菜单/【暂存】命令，执行暂存操作。取回时，直接执行【编辑】菜单/【取回】命令即可，如图 2-4 所示。

图2-4　暂存和取回

3. 链接与绑定

链接和绑定操作，位于"撤销"和"还原"按钮后面的按钮。三个按钮分别为"选择并链接""取消链接选择""绑定到空间扭曲"。通常用于制作动画。后续章节会有所介绍，在此不再赘述。

2.1.3　选择对象

当物体创建完成需要再次编辑时，通常先进行物体选择，再进行对象操作。选择对象包括选择过滤器、选择对象、按名称选择、框选选择等方式。

1. 选择过滤器

用于设置过滤对象的类别，包括几何体、图形、灯光、摄影机、辅助对象等。从列表中选择过滤方式即可。在建模时，该过滤器使用相对较少。在进行灯光调节时，通常需要设置过滤类型为"灯光"，方便选择灯光对象。

2. 选择对象

快捷键为【Q】，通过单击物体对象，实现选择操作。单视图中被选中的对象，呈白色线框显示。

3. 按名称选择

快捷键为【H】，通过物体的名称来选择物体。在平时练习时，物体可以不用在意模型名称，在正式制作模型时，创建的物体需要重新命名，彼此关联密切的物体模型，需要对其进行成组，方便进行选择和编辑操作。

按【H】键，弹出按名称选择对话框，如图 2-5 所示。

图 2-5 按名称选择对话框

将光标定位在名称文本框中，输入对象名称的首字或首字母，系统会自动选择一系列相关的对象。对象名称前有"[ ]"，表示该对象为"组"对象。通过界面上方的按钮，设置显示对象的类别，如几何体、图形、灯光、摄影机等。

> **技巧说明**
>
> 在进行对象选择时，通常会使用相关的组合键。如全选：【Ctrl+A】；反选：【Ctrl+I】；取消选择：【Ctrl+D】；加选：按住【Ctrl】键的同时，依次单击对象可以实现加选；减选：按住【Alt】键的同时，依次单击对象实现减选。

4. 框选选择

用于设置框选对象时，框选线绘制的形状。连续按【Q】键或从后面的"三角"按钮下拉列表中选择框选的形状，从上往下依次是矩形选框、圆形选框、多边形选框、套索选框和绘制选择区域等样式，如图 2-6 所示。

图 2-6 框选样式

5. 窗口/交叉

用于设置框选线的样式。默认时，框选的线条只要连接对象，即被选中。单击该按钮，呈现状态时，框选的线条需要完全包住对象才能被选中，如图 2-7 所示。

图 2-7 窗口和交叉对比

2.1.4 双重工具

双重工具，顾名思义就是该工具有两个作用。在主工具栏中的双重工具包括"选择并移动"、"选择并旋转"、"选择并缩放"和"选择并放置"四组。

1. 选择并移动

快捷键为【W】，通过该工具可以进行选择物体和移动物体两种操作。在进行移动操作时，初学者最好还是在单视图中进行。利用快捷键【W】选择物体后，出现坐标轴图标，鼠标悬停在图标上时，可以通过鼠标悬停来锁定要控制的轴向，悬停锁定 X 轴，如图 2-8 所示。

图2-8　悬停锁定X轴

技巧说明

在屏幕坐标系中，数据的正负表示方向不同，并不是数值的大小。在单视图中，X轴向右为正方向，向左为负方向。Y轴向上为正方向，向下为负方向。Z轴靠近视线为正方向，远离视线为负方向。在透视图中时，需要看坐标轴图标箭头的方向。

选择并移动工具，通常结合"对象捕捉"工具来使用，后面会有详细讲解，在此不再赘述。

- **坐标轴图标显示**：坐标轴图标显示对于锁定轴向很有帮助，若不显示时，需要执行【视图】菜单/【显示变换 Gizmo】命令，执行坐标轴图标显示操作。
- **坐标轴图标大小调节**：直接按键盘上的【+】键放大，【-】键缩小。
- **精确移动**：在场景建模阶段，精确建模将影响后续的材质编辑和灯光调节。如将选中的球体向右水平移动50个单位。

按快捷键【W】，单击选择物体，右击"主工具栏"中 按钮或按【F12】键，弹出"移动变换输入"对话框，如图2-9所示。

图2-9　移动变换输入

- 在右侧"屏幕"坐标系中 X 轴后面的文本框中输入 50 并按【Enter】键确认。
- **世界**：表示坐标的计算关系是绝对坐标，在确定向右移动 50 个单位时，需要与现有的数字相加。要使用世界坐标时则需要输入 54.956。
- **屏幕**：表示坐标的计算关系是相对坐标，在进行位置移动时，不需要考虑物体现在的坐标是在哪个位置，只需要确认从当前点相对移动了多少的数值。

2. 选择并旋转

快捷键为【E】，通过该工具可以实现物体选择和旋转两种操作。在旋转物体时，以锁定的轴向为旋转控制轴。为了更好地确定锁定轴向时，可以通过坐标轴图标的颜色来判断。红色对应 X 轴，绿色对应 Y 轴，蓝色对应 Z 轴，黄色为当前锁定轴，如图2-10所示。

图2-10　锁定轴向

坐标轴图标的大小调节和精确旋转等操作，与"选择并移动"的操作类似，请参考前面内容，在此不再赘述。

选择并旋转工具，通常结合"角度捕捉"工具来使用，后面会有详细讲解，在此不再赘述。

3. 选择并缩放工具

快捷键为【R】，可以将选择的物体进行等比例、非等比例和挤压等操作。

选择工具后，直接在物体上单击并拖动鼠标即可实现缩放操作。等比例缩放和非等比例缩放的区别，在于鼠标悬停在坐标轴图标的位置不同，如图2-11所示。

从主工具栏中选择工具，鼠标在物体上单击并拖动，实现物体在曲面上的自由旋转，此时，控制的视图方式自动切换到"局部"方式，如图2-13所示。

图2-11　等比例缩放和非等比例缩放

图2-12　选择并放置

4. 选择并放置

使用选择并放置工具，可以将选择的物体精确地放置到选择的曲面物体上。类似于"自动栅格"工具。分为移动和旋转两种操作方式，鼠标置于工具图标上单击，可以从弹出的下拉列表中选择。

（1）选择并移动放置

在场景中创建曲面物体和需要旋转的物体，选择物体，单击主工具栏中的"选择并放置"图标，单击并拖动到曲面物体表面，选择合适的放置位置，如图2-12所示。

（2）选择并旋转放置

选择需要在曲面物体上旋转角度的物体，

图2-13　选择并旋转放置

2.1.5　捕捉设置

提到捕捉工具，其实并不陌生。在AutoCAD软件里进行图形绘制时，捕捉工具可以实现精确的绘制。在3ds Max 2025软件中，捕捉工具包括"对象捕捉"、"角度捕捉"和"百分比捕捉"三个工具，"百分比捕捉"平时应用较少，在此仅介绍"对象捕捉"和"角度捕捉"的使用方法。

1. 对象捕捉

对象捕捉快捷键为【S】，可以根据设置的捕捉内容进行2D、2.5D和3D捕捉。按住该按钮不放，可以从中选择捕捉类型。

（1）捕捉设置

鼠标置于 3² 按钮后，右击，在弹出的界面中设置捕捉内容，如图2-14所示。

图2-14　捕捉内容

(2) 参数说明

- 栅格点：在单视图中，默认的网格线与网格线的交点。
- 轴心：设置该选项后，对象捕捉时，捕捉对象的轴心。
- 垂足：用于捕捉绘制线条时的垂足，适用于线条绘制。
- 顶点：用于捕捉物体的顶点。与"端点"不同的是，可以捕捉两个物体重叠部分的交点。
- 边/线段：用于设置捕捉对象的某个边或段，平时应用较少。
- 面：用于设置捕捉"三角形"的网格片，在编辑网格或编辑多边形时使用。
- 栅格线：用于设置捕捉栅格线，即网格线。
- 边界框：选中该选项后，捕捉物体的外界边框线条。
- 切点：用于捕捉绘制线条时的切点，适用于线条绘制。
- 端点：用于设置捕捉对象的端点。
- 中点：用于设置捕捉对象的中间点。
- 中心面：用于设置捕捉"三角形"网格片的中心点。

(3) 2D、2.5D 和 3D 关系

- 2D：是指根据设置的捕捉内容进行二维捕捉。适用于顶视图使用。
- 2.5D 与 3D 的区别：设置完捕捉内容后，是否约束 Z 轴。约束 Z 轴的为 3D 捕捉，不约束 Z 轴的为 2.5D 捕捉。

2. 角度捕捉

角度捕捉快捷键为【A】，根据设置的角度进行捕捉提示。当设置为 30 度时，在旋转过程中遇到 30 的整数倍，如 30、60、90 或 120 度时，都会锁定和提示。通常与"选择并旋转"工具一起使用。

鼠标置于 按钮，右击，在弹出界面中设置角度数值，如图 2-15 所示。

图2-15　角度捕捉

2.2　复制和群组

"复制"就是"克隆"，通过复制的方法可以迅速创建多个相同或类似的物体。在 3ds Max 2025 中为我们提供了多种复制对象的方法。如变换复制、阵列复制、镜像复制等方法。

2.2.1　变换复制

按住【Shift】键的同时，移动、旋转或缩放物体，可以实现物体的复制操作，如图 2-16 所示。

"克隆选项"对话框中各参数功能如下：

- 复制：生成后的物体与原物体之间无任何关系，适用于没有任何关系的物体复制。

图2-16　复制

- 实例：生成后的物体与原物体之间相互影响，更改原物体将影响生成后的物体，更改生成后的物体将影响原物体。在灯光复制时，适用于同一个开关控制的多个灯之间的复制。
- 参考：参考的选项物体之间的关联是单向的，即原物体仅影响生成后的物体，反之无效。
- 副本数：用于设置通过复制后生成的个数，不包含原来物体。复制后物体总共的个数，是指副本数加上原来物体的个数。
- 名称：用于设置复制后物体的名称，可以实现经过复制后物体改名的操作。

> **技巧说明**
>
> 物体复制的相互关联属性，通常是指更改物体基本参数时会发生变化。如尺寸大小、添加编辑命令等操作，对于更改颜色将不会发生变化，因为物体的颜色只是随机分配的，渲染出图时，物体需要通过材质来体现。

2.2.2　阵列复制

通过"变换复制"的方法固然方便快捷，但是很难精确设置复制后物体之间的位置、角度和大小等方面的关系。因此，可以通过"阵列复制"来解决这些不足。阵列复制可以将选择的物体进行精确地移动、旋转和缩放等复制操作。

1. 基本操作

选择要复制的物体，执行【工具】菜单/【阵列】命令，弹出阵列对话框，如图2-17所示。

图2-17　阵列复制

2. 参数说明

- 增量：用于设置单个物体之间的关系。如在移动复制时，每个物体与每个物体之间的位置关系。
- 总计：用于设置所有物体之间的关系。如在移动复制时，总共5个物体，从第1个到最后1个物体之间总共移动200个单位。通过单击 < 移动 > 按钮来切换设置的是增量还是总计参数。
- 对象类型：用于设置复制物体之间的关系，分为复制、实例和参考。

- **阵列维度**：用于设置物体经过一次复制操作后，物体的扩展方向。分为 1D、2D 和 3D。即线性、平面和三维。2D 和 3D 所实现的效果，完全可以通过 1D 进行两次和三次的操作来实现。

- **预览**：单击该按钮后，阵列复制后的效果，可以在场景中进行预览。

- **重置所有参数**：在 3ds Max 2025 软件中，阵列工具默认时，记录上一次的运算参数。因此，再次使用阵列复制时，应根据实际情况是否单击该按钮。

3. 实战应用：直行楼梯

步骤1 执行【自定义】菜单/【单位设置】命令，将单位改为 mm。在顶视图中创建长方体，长度为 1 600 mm，宽度为 300 mm，高度为 150 mm，如图 2-18 所示。

图2-18 创建长方体

步骤2 将操作视图切换为前视图（鼠标光标置于前视图中，右击），执行【工具】菜单/【阵列】命令，在弹出的界面中设置参数，单击"确定"按钮后，得到阵列复制后的效果，如图 2-19 所示。

图2-19 设置参数

步骤3 在顶视图中创建圆柱体，半径为 10 mm，高度为 700 mm，其他参数保持默认。按快捷键【S】，开启"对象捕捉"，从捕捉方式中选择 2 按钮，在对象捕捉选项界面中选择"中点"选项，在前视图中调节圆柱与踏步的位置关系，如图 2-20 所示。

图2-20 调节圆柱位置

步骤4 执行【工具】菜单/【阵列】命令，在弹出的界面中直接单击"确定"按钮即可，参数保持与楼梯复制的一致，得到栏杆效果，如图 2-21 所示。

图2-21 栏杆效果

步骤5 在左视图中创建圆柱体物体作为楼梯扶手，半径为 30 mm，高度约为 3 500 mm。在前视图中，通过"移动"和"旋转"的操作，调节扶手位置，如图 2-22 所示。

图2-22 扶手创建完成

步骤6 扶手在前视图调节好其中一端的位置后，在命令面板中切换到"修改"选项，根据需要更改高度数值。直到合适为止。选择全部的栏杆和扶手物体，在左视图或顶视图中按住【Shift】键的同时移动物体进行复制操作。得到最后的楼梯效果，如图2-23所示。

图2-23 楼梯效果

> **注意事项**
>
> 在进行阵列复制时，对于相同的结果，操作时选择的视图不同，轴向也会不同。即楼梯复制时，在前视图中为X轴和Y轴，若选择了左视图，轴向为Y轴和Z轴，若选择了顶视图，轴向为X轴和Z轴。因此，在进行阵列复制前，需要根据复制后的结果，选择视图和轴向。

4. 更改轴心

在进行旋转复制操作时，默认以物体轴心为旋转的控制中心，因此，在进行旋转阵列复制前，根据实际需要更改对象的轴心默认位置，

如图2-24所示。

图2-24 默认旋转复制

步骤1 利用✥工具选择物体，在命令面板中切换到"层次"选项，单击"仅影响轴"按钮，如图2-25所示。

图2-25 仅影响轴

步骤2 在视图中使用✥工具移动轴心，轴心移动完成后需要再次单击"仅影响轴"按钮，将其关闭。更改完轴心后，再进行旋转阵列复制，可以得到正确的阵列结果，如图2-26所示。

图2-26 旋转阵列

2.2.3　路径阵列

路径阵列也称"间隔工具",将选择的物体沿指定的路径进行复制,实现物体在路径上的均匀分布。

步骤1　创建需要分布的物体对象,在视图中绘制二维图形作为分布的路径线条,如图2-27所示。

步骤2　选择球物体,执行【工具】菜单/【对齐】/【间隔工具】命令或按【Shift+I】组合键,弹出间隔工具对话框,单击 拾取路径 按钮,在视图中单击选择路径物体,设置"计数"选项中的个数,设置物体复制类型,单击 应用 按钮,单击 关闭 按钮。完成路径阵列复制,如图2-28所示。

图2-27　创建物体和路径

图2-28　间隔工具

2.2.4　镜像复制

镜像复制可以将选择的某物体,沿指定的轴向执行翻转或翻转复制,适用于制作轴对称的造型。

1. 基本步骤

选择需要镜像的物体,单击主工具栏中的 按钮,或执行【工具】菜单/【镜像】命令,弹出镜像对话框,根据实际需要,设置参数,如图2-29所示。

图2-29　镜像复制

2. 参数说明

- 镜像轴:是指在镜像复制时,物体翻转的方向。并不是指两个物体关于某个轴对称。

- 偏移:是指镜像前后轴心与轴心之间的距离。并不是物体之间的距离。

- 克隆选项:用于设置镜像的选项。若为"不克隆"时,选择的物体仅进行翻转,原物体发生位置变化。其他选项与前面相同,这里不再赘述。

- 镜像IK限制:用于设置角色模型时,镜像复制过程中,IK是否需要设置。

- 变换:默认的镜像方式,可以对选择的物体实现镜像复制。

- 几何体:类似于对选择的物体添加"镜像"编辑命令,实现物体自身的镜像。

2.2.5 对　齐

在 3ds Max 2025 软件中，对齐工具的主要作用是通过 X 轴、Y 轴和 Z 轴，确定三维空间中两个物体之间的位置关系。使用对齐、对象捕捉和精确移动，可以实现精确建模。因此，在基本操作中，对齐在精确建模方面起了很重要的作用。

1. 基本步骤

步骤1 在 3ds Max 场景中，创建球体和圆锥体两个物体，通过对齐工具，将球体置于圆锥上方，如图 2-30 所示。

图2-30　创建物体

步骤2 选择球体，单击主工具栏中 ■ 按钮，或按【Alt+A】组合键，鼠标光标靠近另外物体，呈现变形和名称提示时，单击，弹出对齐对话框，设置参数，选择 X 轴，当前对象为"中心"，目标对象为"中心"，单击"应用"按钮。选择 Y 轴，当前对象为"最小"，目标对象为"最大"，单击"应用"按钮。选择 Z 轴，当前对象为"中心"，目标对象为"中心"，单击"确定"按钮。完成对齐，如图 2-31 所示。

2. 参数说明

- 当前对象：在进行对齐操作时，首先选择的物体为当前对象。
- 目标对象：选择了对齐工具后点击选择的另外物体。
- 最小：选择对齐方式为最小。即 X 轴方向，最小为左侧，Y 轴方向，最小为下方，Z 轴方向，最小为距离观察方向较远的位置。

图2-31　对齐界面

- 中心：确定两个物体的中心对齐方式。
- 轴点：确定两个物体的对齐方式以轴心为参考标准。
- 最大：选择对齐方式为最大。与最小相反。即 X 轴方向，最大为右侧，Y 轴方向，最大为上方，Z 轴方向，最大为距离观察方向较近的位置。

注意事项

在进行对齐过程中，对齐的轴向与选择的当前操作视图有关。如选择左视图进行对齐，球体和圆锥的关系，X 轴和 Z 轴，当前对象为"中心"，目标对象为"中心"，Y 轴，当前对象为"最小"，目标对象为"最大"。在对齐过程中，选择的当前物体模型会发生位置变化。

2.2.6 群组和选择集

在日常对模型物体进行编辑时，通常将组成某个模型的多个物体，对他们执行"选择集"或"群组"操作。通过选择集操作，可以将多个物体临时组合起来，通过名称来实现选择。通过群组可以将多个模型组成集合，方便打开、编辑、添加和分离等操作。

1. 选择集

该功能位于主工具栏中。当场景中的模型较多时，为了方便快速选择具有某些特征或类别的物体时，可以先创建"选择集"，用于定义或选择已命名的对象选择集。若选择集已经命名过，可以从下拉列表中选中该选择集的名称，就可以选中选择集包含的所有对象。

当场景中的模型较多时，为了方便快速选择具有某些特征或类别的物体时，可以先创建"选择集"，再次选择该集时快捷方便。

（1）创建选择集

选择需要建立集合的物体，将鼠标光标定位于主工具栏 创建选择集 按钮上，直接输入该选择集的名称并按【Enter】键，完成创建选择集操作。

（2）编辑选择集

通过主工具栏中的 按钮，对已存在的选择集进行编辑，可以对已有的选择集进行重命名、添加和删除等操作，如图2-32所示。

图2-32 命名选择集

2. 群组

在对 3ds Max 2025 软件进行操作时，将经常用于的多个模型进行群组，方便再次进行编辑。进行群组操作时，主要通过【组】菜单进行，如图2-33所示。

图2-33 组操作

- 成组：将选择的多个物体建立成组，方便选择和编辑。
- 解组：将选择的组物体分解成单一的个体物体。
- 打开：将选择的组打开，方便进行组内物体编辑，组内物体编辑完成后，需要将组关闭。
- 附加：将选择的物体附加到一个组物体中，与分离操作结果相反。
- 炸开：将当前组中的物体，包括单物体和组物体，彻底分解为最小的单个体物体。
- 集合：用于对当前组合中的子组物体进行编辑。

2.3 实战案例——电视柜组合造型

通过前面所介绍的内容，希望广大读者能够掌握以下操作案例，通过案例的操作和练习，更好地掌握和熟悉当前章节的知识点。由于造型最后还需要通过渲染操作，才显示最终的材质效果，因此，在本案例中，只需进行建模操作即可。

通过前面基础操作和功能的学习，制作电视柜模型，如图2-34所示。

图2-34 电视柜组合造型

2.3.1 创建主体

执行【自定义】菜单/【单位设置】命令，将3ds Max 2025软件的默认单位改为mm，在顶视图中创建长方体，长度为530mm，宽度为3 000mm，高度为400mm，如图2-35所示。

在前视图中创建长方体，长度为198mm，宽度为747mm，高度为20mm，创建完成后，通过"对齐"工具调整到合适的位置，如图2-36所示。

图2-35 创建物体

图2-36 调整位置

2.3.2 阵列复制

在前视图中选择新创建的长方体物体，执行【工具】菜单/【阵列】命令，在弹出的界面中设置阵列复制参数，生成电视柜前面板，如图2-37所示。

图2-37 阵列参数

2.3.3 储物柜

在左视图中创建长方体，长度为2 800mm，宽度为350mm，高度为20mm，选择长方体，在前视图中直接按【Ctrl+V】组合键，原地粘贴复制，水平向右移动450mm，采用同样的方法，再次复制并移动350mm，如图2-38所示。

图2-38 复制并移动

按【S】键，开启2.5"端点"捕捉，在顶视图中捕捉端点，创建储物柜中间隔板并在前视图中进行移动复制，如图2-39所示。

图2-39　左侧分隔隔板

采用同样的方法，在顶视图中再次使用捕捉"端点"方式创建右侧隔板，在前视图中移动复制，生成右侧分隔隔板，如图2-40所示。

图2-40　右侧分隔隔板

在顶视图中再次捕捉创建储物柜顶部面板，在前视图中复制生成另外面板，完成整个储物柜造型，通过"对齐"调整其位置，分别将左侧电视柜和右侧储物柜执行"组"操作，如图2-41所示。

图2-41　组合效果

第3章 三维编辑

本章知识点：
① 编辑器配置
② 常用三维编辑命令
③ 实战案例

　　在日常建模时，常见简单模型可以通过软件本身提供的工具来生成，如标准基本体、扩展基本体等。对于稍微复杂的模型，则需要在选定的物体上添加相应的编辑命令来制作。在3ds Max 2025软件中，常见的编辑命令有很多，包括二维命令、三维命令和高级建模等。本章主要介绍常见三维编辑命令。

3.1 编辑器配置

编辑器是 3ds Max 2025 软件中进行编辑的常用工具，无论是进行二维编辑还是三维编辑，通过编辑器可以对物体的模型进行编辑调整，以得到我们想要的物体造型。

3.1.1 基本操作和认识

在视图中创建物体，然后选择物体，在命令面板中单击 按钮切换到"修改"选项，单击 修改器列表 按钮，从列表中选择需要添加的命令，还可以对已添加的命令进行展开编辑。

1. 修改器面板

通过【修改器】菜单或"修改器"面板，均可以为当前选择物体添加编辑命令。

修改器列表用于为选中的物体添加修改命令，单击该按钮可以从打开的下拉列表中添加所需要的命令。当一个物体添加多个修改命令时，集合为修改器堆栈。只有堆栈列表中包含的命令或物体，可以随时返回到未添加命令参数状态，如图3-1所示。

图3-1 修改器列表

2. 功能说明

- 锁定堆栈 ：保持选择物体修改器的激活状态，即在变换选择的物体时，修改器面板显示的还是原来物体的修改器，保持默认状态即可。

- 显示最终效果 ：默认为开启状态，保持选中的物体在视图中显示堆栈内所有修改命令后的效果，方便查看某命令的添加对当前物体的影响。

- 使唯一 ：断开选定物体的实例或参考的链接关系，使修改器的修改只应用于该物体，而不影响与它有实例或参考关系的物体。若选择的物体本身就是一个独立的个体，该按钮处于不可用状态。

- 删除命令 ：单击该按钮后，会将当前选择的编辑命令删除，还原到以前状态。

- 配置修改器集 ：此按钮用于设置修改器面板及修改器列表中修改器的显示。

3.1.2 个性化修改器

修改器堆栈用来显示所有应用于当前物体上的修改命令，通过修改器堆栈可以对应用于该物体上的修改命令进行管理。如复制、剪切、粘贴、删除编辑命令等操作。

1. 显示按钮

在日常使用过程中，可以在修改选项中将常用的编辑命令显示为按钮形式，使用时直接单击按钮，相比从"修改器列表"下拉菜单中查找选择命令方便快捷很多。

单击修改器面板中的 按钮，弹出屏幕菜单，选择显示按钮命令，如图 3-2 所示。

图3-2　显示按钮

按钮中。若拖动到已有名称的按钮则会覆盖编辑命令，通过"按钮总数"可以调节显示命令按钮的个数，如图3-3所示。

图3-3　显示命令按钮

2. 配置命令按钮

与"显示按钮"操作命令类似，再次单击"配置修改器集"选项，在弹出的界面中从左侧列表中选择编辑命令，单击并拖动到右侧空白按钮中。若拖动到已有名称的按钮则会覆盖编辑命令，通过"按钮总数"可以调节显示命令按钮的个数，如图3-3所示。

3.2　常用的三维编辑命令

在 3ds Max 2025 软件中，包含近 100 个编辑命令，有的编辑命令适用于三维编辑，如弯曲、锥化等命令。有的编辑命令适用于二维编辑，如挤出、车削等。在此先介绍常用的三维编辑命令。

3.2.1　弯　　曲

弯曲命令用于将物体沿某一方向轴执行弯曲操作，实现整个物体弯曲的效果，其弯曲的效果就如同我们手指的自然弯曲。

1. 基本操作

在顶视图中创建圆柱体并设置基本尺寸参数。选中圆柱体，按数字【1】键，直接切换到命令面板的"修改"选项，单击 修改器列表 按钮，从下接列表中选择"弯曲"命令，如图 3-4 所示。

2. 参数说明

- **角度**：用于设置物体执行弯曲操作后上下截面延伸后构成的夹角角度。

图3-4　弯曲

- **方向**：用于设置物体弯曲的方向。在进行更改时，以 90 的倍数进行更改，如 90 或 –90。

- **弯曲轴**：用于设置物体弯曲的作用方向轴。对于选择的物体来讲，只有一个方向轴是合适的，以不扭曲变形为原则。

- **限制**：用于设置物体弯曲的作用范围。默认时，选择的整个物体都执行弯曲操作。通过限制可以设置弯曲命令影响当前选择物体的某一部分。

- **上限**：用于设置选择物体轴心 0 以上的部分，受弯曲作用的影响。

- **下限**：用于设置选择物体轴心 0 以下的部分，受弯曲作用的影响。设置上限或下限时，需要选中"限制效果"复选框。

注意事项

在进行弯曲操作时，下限的部分是指从轴心 0 往下，通常为负数。在更改时，除输入负数以外，还需要在修改器列表中将"Bend"前的"三角"展开，选择"Gizmo"，在视图中移动 Gizmo 位置，更改变换轴心。

3. 实战应用：旋转楼梯

步骤1 在顶视图中创建长方体作为楼梯的踏步，长度为 2 000 mm，宽度为 300 mm，高度为 150 mm。在顶视图创建圆柱体作为楼梯栏杆，半径为 10 mm，高度为 700 mm，如图 3-5 所示。

图3-5 创建物体

步骤2 切换前视图为当前操作视图，选择圆柱体物体，单击主工具栏中的■按钮或按【Alt+A】组合键，在前视图中执行对齐操作，如图 3-6 所示。

图3-6 对齐

步骤3 在前视图中，同时选择长方体和圆柱，执行【工具】菜单/【阵列】命令，在弹出的界面中设置参数，如图 3-7 所示。

图3-7 阵列参数

步骤4 在左视图中创建圆柱体作为楼梯扶手，半径为 25 mm，高度约为 3 000 mm，高度分段为 50。在命令面板"修改"选项中添加"弯曲"命令，设置命令参数，如图 3-8 所示。

步骤5 在前视图中通过"旋转"和"移动"等操作，调节扶手的位置。当圆柱体高度尺寸不够时，可以在"修改堆栈"中单击列表中的"Cylinder"，返回到圆柱体，更改高度参数。在左视图中将扶手与已经绘制完成的栏杆造型执行 X 轴中心对齐，如图 3-9 所示。

图3-8 添加弯曲命令

步骤6 在左视图中选择栏杆和扶手物体，按住【Shift】键的同时移动物体，复制楼梯的另外一侧造型。选择所有物体，在命令面板中添加"弯曲"命令，设置参数，生成旋转楼梯造型，如图 3-10 所示。

图3-9　左视图对齐

图3-10　旋转楼梯

3.2.2 锥　化

锥化命令用于将选择的三维物体执行锥化操作，即对模型上截面执行缩放或中间造型的曲线化操作。

1. 基本操作

在顶视图中创建长方体物体，长度为 60 mm，宽度为 60 mm，高度为 40 mm。按数字【1】键，切换到"修改"选项，单击 修改器列表 按钮，从弹出的列表中选择"锥化"命令，如图 3-11 所示。

图3-11　锥化

2. 参数说明

- 数量：用于设置模型上截面的缩放程度。当为 −1 时，上截面缩小为一个点。
- 曲线：用于控制模型中间的曲线化效果。当为正数时，中间侧面凸出，当为负数时，中间侧面凹进。若调节曲线参数时出现橙色变换线框，而模型没有变化，

则说明物体的锥化方向段数不足。在修改器堆栈中返回原物体，更改锥化方向分段数即可。

- 锥化轴：用于设置锥化的坐标轴（主轴）和产生效果的轴（效果）。
- 限制：用于设置锥化操作的作用范围。与"弯曲"命令中的"限制"类似。在此不再赘述。

3. 实战应用：桥栏杆

步骤1　执行【自定义】菜单/【单位设置】命令，将 3ds Max 2025 软件的单位设置为 mm。在顶视图中，创建长方体物体，长度为 500 mm，宽度为 500 mm，高度为 100 mm，如图 3-12 所示。

步骤2　在前视图中选择长方体，按住【Shift】键的同时向下移动，复制生成长方体。将高度改为 300 mm。选择上方原来的长方体，添加"锥化"命令，更改参数，如图 3-13 所示。

步骤3　在前视图中选择下方的长方体，按住【Shift】键的同时向下移动复制长方体。将生成后的长方体高度改为 300 mm，高度分段改为 15。添加"锥化"命令，设置参数，如图 3-14 所示。

方体，将高度改为 2 000 mm。在前视图中通过"对齐"工具，将四个长方体确定 Y 轴位置关系。按【Ctrl+A】组合键，选择所有物体，执行【组】菜单 /【组】命令，如图 3-15 所示。

步骤5 在前视图中按住【Shift】键的同时移动"组"对象，执行复制操作。在左视图中创建长方体作为中间的横栏造型，在前视图中选择右侧桥栏杆和中间两条横栏物体，按住【Shift】键的同时向右移动，复制多个栏杆和横栏。生成一侧桥栏杆，再复制生成另外一侧。最后得到桥栏杆效果，如图 3-16 所示。

图3-12　创建长方体

图3-13　锥化

图3-14　锥化效果

图3-15　成组

图3-16　桥栏杆

步骤4 在前视图中选择从上面开始的第二个长方体，按住【Shift】键的同时向下移动复制长

3.2.3　扭　曲

扭曲命令用于对选中的物体，通过旋转横截面来实现物体扭曲的效果。即选择物体的某个轴为中心，通过旋转物体横截面来改变形状。扭曲生成的造型，通常不在装饰效果图中使用。因为软件设计模型相对容易，在实际装饰时，需要考虑到后期施工的难易程度。所以，通常用于动画中的某些造型。

1. 基本操作

在顶视图创建长方体物体，长度为 20 mm，宽度为 60 mm，高度为 200 mm，高度分段为 40，选择长方体，按数字【1】键，切换到"修改"选项，单击 修改器列表 按钮，从弹出的下拉列表中选择"扭曲"命令，设置参数，如图3-17 所示。

图3-17　扭曲参数

2. 参数说明

- 角度：用于设置物体沿扭曲轴旋转的角度。
- 偏移：用于设置扭曲的趋向。以基准点为准，通过数值来控制扭曲是靠向基准点聚拢还是散开。数值为正数时表示聚拢，数值为负数时表示散开。
- 扭曲轴：用于设置扭曲的操作轴。与前面的三维编辑命令类似，同样也只有一个方向轴是正确且合适的。
- 限制：用于设置扭曲的作用范围。与前面"弯曲"命令类似。在此不再赘述。

3. 实战应用：冰激凌

步骤1 在命令面板中，利用 类型中的 星形 按钮，在顶视图中单击并拖动，创建星形物体，设置参数，如图 3-18 所示。

步骤2 在命令面板中，单击 按钮，切换到"修改"选项，单击 修改器列表 按钮，从下拉列表中选择"挤出"命令，设置参数，如图 3-19 所示。

图3-18　创建星形

图3-19　挤出星形

步骤3 在命令面板"修改"选项中，继续添加"锥化"命令，设置参数，如图 3-20 所示。

图3-20　锥化模型

步骤4 在命令面板"修改"选项中，添加"扭曲"命令，设置参数，如图 3-21 所示。

步骤5 在命令面板"修改"选项中，再次添加"弯曲"命令，对造型进行适当弯曲操作，设置参数，如图 3-22 所示。

图3-21 添加扭曲命令

图3-22 最后造型

3.2.4 晶格

晶格也称"结构线框"命令，根据物体的分段数，将模型执行线框或线框加节点的显示效果，是一种显示编辑命令。

1. 基本操作

在场景中选择已经编辑过的物体模型，切换到命令面板"修改"选项，添加"晶格"命令，设置参数，如图3-23所示。

图3-23 晶格显示

2. 参数说明

- 几何体：设置"晶格"命令的应用范围，可以从中选择"仅来自顶点的节点"、"仅来自边的支柱"或"二者"。"应用于整个对象"复选框是针对高级建模中的可编辑网格和可编辑多边形对象时使用的。
- 支柱：用于设置"线框"的显示效果。
- 节点：用于设置"网格线交点"的显示效果。
- 贴图坐标：用于指定选定物体的贴图坐标。

3. 实战应用：纸篓

步骤1 在顶视图中创建圆柱体物体，半径为35 mm，高度为100 mm，端面分段为2，其他参数保持默认，如图3-24所示。

图3-24 创建圆柱

步骤2 选择圆柱体，按数字【1】键，切换到命令面板"修改"选项，单击 修改器列表 按钮，从弹出的下拉列表中选择"锥化"命令，设置参数，如图3-25所示。

图3-25 添加锥化

步骤3 在"修改"选项中继续添加"扭曲"命令，设置参数，如图3-26所示。

图3-26 添加扭曲

步骤4 将当前操作视图切换为透视图，右击，在弹出的屏幕菜单击选择"转换为"/"转换为可编辑多边形"命令，按数字【4】键，将编辑方式选择"多边形"方式，选中"忽略背面"选项，在透视图中选择上方的所有区域，如图3-27所示。

步骤5 按【Del】键将其删除。按数字【4】键，退出子编辑，添加"晶格"命令，设置参数，如图3-28所示。

图3-27 选择端面区域

图3-28 晶格

步骤6 将纸篓模型原地"镜像"复制一个，将其旋转，调节垂直方向网格与网格之间的角度，尽量将其连接在一起，实现纸篓造型，如图3-29所示。

图3-29 最后效果

3.2.5 FFD（自由变形）

FFD（自由变形）命令是网格编辑中常用的编辑工具。根据三维物体的分段数，通过控制点使物体产生平滑一致的变形效果。FFD（自由变形）命令包括FFD2×2×2、FFD3×3×3、FFD4×4×4、FFD长方体和FFD圆柱体五种变形方式。

1. 基本步骤

首先，在顶视图中创建长方体，在命令面板"修改"选项中单击 修改器列表 按钮，从弹出的下拉列表中选择FFD（长方体）命令，如图3-30所示。

图3-30　FFD长方体

单击"FFD"前的" ▶ "按钮，将其展开，选择"控制点"，在视图中选择点，进行移动操作使其变形，如图3-31所示。

图3-31　FFD编辑

2. 实战应用：苹果

步骤1 在顶视图中创建球体物体，半径为40mm，其他参数保持为默认，按数字【1】键，切换到命令面板"修改"选项，添加"FFD（圆柱体）"命令，单击参数中的 与图形一致 按钮，如图3-32所示。

图3-32　与图形一致

步骤2 当前操作视图切换为前视图，将FFD前的" ▶ "展开，选择"控制点"，在前视图中分别选择球体上面和下面的点，并向中间移动，如图3-33所示。

图3-33　移动控制点

步骤3 退出"控制点"编辑,添加"锥化"命令,设置参数,如图3-34所示。

图3-34 锥化

图3-35 创建果柄

步骤4 在顶视图中创建圆柱体物体,半径为2 mm,高度为35 mm,高度分段为10,如图3-35所示。

步骤5 在修改选项中依次添加"锥化"命令和"弯曲"命令,生成弯曲的果柄效果。调节位置,将果柄与苹果物体同时选中,在顶视图中移动复制多个造型,分别调整一下不同苹果的摆放角度,生成苹果组合,如图3-36所示。

图3-36 苹果造型

3.3 实战案例——抱枕、办公座椅

根据前面所介绍的内容,希望广大读者能够掌握以下操作案例,通过案例的操作和练习,更好地掌握和熟悉当前章节的知识点。

3.3.1 抱 枕

通过对长方体进行自由编辑、松弛和涡轮平滑等操作,实现抱枕模型,抱枕表面的凹凸效果,可以通过贴图的方式来实现。

步骤1 在顶视图中创建长方体并设置相关参数,如图3-37所示。

步骤2 在命令面板"修改"选项中添加"FFD (长方体)"编辑命令,将FFD前面 ▶ 展开,选择"控制点",在顶视图中分别框选长方体四个角点区域并调整控制点的位置,如图3-38所示。

图3-37 创建长方体

图3-39 松弛

图3-38 调整顶视图中四个角点位置

步骤3 退出FFD编辑，在"修改"选项中添加"松弛"命令，设置参数，如图3-39所示。

步骤4 在命令面板中继续添加"涡轮平滑"命令，设置迭代次数为2，完成抱枕造型，如图3-40所示。

图3-40 涡轮平滑

3.3.2 办公座椅

通过制作办公座椅案例，熟悉"弯曲"和"FFD"编辑命令。

步骤1 在顶视图中创建"切角长方体"并设置相关参数，如图3-41所示。

步骤2 在命令面板"修改"选项中添加"弯曲"命令，并设置相关参数，完成第一次弯曲操作，如图3-42所示。

再次为当前物体添加"弯曲"命令，设置参数，并通过"弯曲"命令的子编辑"中心"，在左视图中调整其位置，如图3-43所示。

图3-41 切角长方体

图3-42 弯曲

图3-43 再次弯曲

步骤3 在顶视图中创建圆柱体，半径为 15 mm，高度为 1 700 mm，高度分段为 40，边数为 15，在命令面板修改选项中添加"弯曲"命令，设置参数，如图 3-44 所示。

图3-44 第一次弯曲

再次为当前圆柱体添加"弯曲"命令，并设置参数，如图 3-45 所示。

图3-45 再次弯曲

步骤4 选择已经弯曲后的椅腿造型，在命令面板"修改"选项中，添加"FFD（长方体）"命令，设置点数为 4 2 4，单击 FFD 前按钮，将其展开，选择控制点，在视图中调节点的位置，形成扶手部分，如图 3-46 所示。

退出 FFD 编辑后，通过"镜像"复制生成另外一侧的扶手，也可以使用"FFD"编辑命令对座椅部分进行形状调整，最后生成办公座椅造型，如图 3-47 所示。

图3-46　调节扶手形状

图3-47　办公座椅

第4章 二维编辑

本章知识点：
① 二维图形创建
② 编辑样条线
③ 二维编辑命令
④ 实战案例

在日常使用3ds Max 2025软件时，很多常见物体的造型可以先创建二维图形，再将图形添加"挤出"、"车削"、"倒角"或"倒角剖面"等编辑命令，生成三维模型。

4.1 二维图形

二维图形，顾名思义，就是不具有厚度的二维图形，根据二维图形的这个特点，在创建二维图形时，只需要观察一个单视图即可。因此，在创建二维图形时，通常会将某一个单视图最大化显示，方便单独对其进行图形编辑。

4.1.1 图形创建

1. 基本步骤

在命令面板的"新建"选项中单击 按钮，切换到图形面板，如图 4-1 所示。

图4-1 二维图形

选择图形按钮，在视图中单击并拖动即可创建，不同的物体创建方法有所不同，如矩形，在页面中单击并拖动鼠标，通过两个对角点生成矩形，圆环需要单击并拖动多次才能完成。因此，具体的创建方法还需要广大读者去练习测试，螺旋线是一个特殊的图形，创建时，需要多个视图查看其图形效果。

2. 线

线对象在创建时相对特殊一些，单击"线"按钮后，在"创建方法"选项中设置拖动类型，按住【Shift】键时，限制水平或垂直方向，右击结束线条创建，如图 4-2 所示。

图4-2 创建线条

4.1.2 图形参数

二维线条创建完成后，需要转换到"修改"选项查看二维图形对应的参数选项，如图 4-3 所示。

1. 渲染属性

创建的二维线条对象，在默认状态下，按【Shift+Q】组合键执行渲染操作时，二维图形线条不可见。想要二维图形在渲染时可见，则需要手动进行设置。

渲染属性如图 4-3 所示，其各参数选项的功能如下：

- 在渲染中启用：选中该选项后，选中的二维线条在渲染时显示二维线条。

- 在视口中启用：选中该选项后，在视图中可以看到样条的实际效果。方便直观地查看二维线条渲染与显示的关系。

- 显示方式：分为径向和矩形，当为"径向"时，二维线条显示为圆截面，通过"厚度"参数设置线条截面直径。当为"矩形"时，二维线条显示为矩形横截面，通过长度和宽度可以控制矩形横截面的尺寸大小。

图4-3 渲染属性

- **自适应**：选中该复选框后，线条的拐角处会自动进行平滑处理。

3. 规格化样条线与插值区别

规格化样条线命令也是用于对样条线的圆滑程度进行调整，如图 4-4 所示。

图4-4 规格化样条线

2. 插值

插值其实是一个数学运算。如在 1、3、5、7、9 等数字中间插入一个数，让该序列看起来更加平滑一些，需要插入的数字肯定就是 2、4、6、8。通过插值运算，实现序列平滑。在 3ds Max 2025 中，通过插值，可以将二维线条拐角部分处理得更加平滑。

- **步数**：设置线条拐角区域的"分段"数。值越大，效果越圆滑。

规格化样条是通过添加等分点的方式，实现样条线的圆滑过渡变形。

插值是通过对拐角处添加点的方式，实现样条线的圆滑过渡变形。

4.2 编辑样条线

将二维的线条分别进行点、段和线条三种方式的子编辑，对应的快捷键依次为【1】、【2】、【3】，子编辑完成后需要按对应的数字快捷键，退出子编辑。编辑样条线是"线"的默认编辑命令，若选择对象为线条时，直接按【1】、【2】、【3】数字键，则直接进入相关的子编辑。编辑样条线命令是整个二维图形的重要编辑命令。

选择创建的二维图形，在视图中右击，从弹出的屏幕菜单中选择"转换为"/"转换为可编辑样条线"命令，如图 4-5 所示。

4.2.1 点编辑

创建线条时单击的点或二维图形边缘的控制点，在转换为"可编辑样条线"后对它们的编辑都称为点编辑。

图4-5 转换为编辑样条线

1. 点的类型

创建线条时，单击或单击并拖动生成的点类型可以在"创建方法"选项中进行设置，也可以在图形创建完成后对其进行点类型更改。

选择创建的线条，按数字【1】键，切换到点的子编辑。在视图中选择点，右击，在弹出的屏幕菜单中选择或更改点的类型，如图 4-6 所示。

图4-6 点类型

图4-7 四种点的类型特点

- 添加：在点编辑方式下，单击 优化 按钮，鼠标靠近线条处，出现鼠标变形提示时单击，实现添加点操作，添加后点的类型与邻边上的两个点类型有关，如图4-8所示。

图4-8 优化添加点

- Bezier 角点：当点类型为该种类型时，当前点具有两个独立的控制手柄，可以通过选择不同手柄单独进行调节，影响线条的曲线效果。

- Bezier：当点的类型为该种类型时，当前点具有两个对称的控制手柄，调节一边手柄，影响整个线条的曲线效果。

- 角点：当点的类型为该种类型时，通过当前点的线条没有曲线状态，由两条直线连接当前点。

- 平滑点：当点的类型为该种类型时，通过当前点的线条自由平滑。当前点不能控制线条的平滑程度。

具体显示效果，如图 4-7 所示。

2. 点的添加与删除

- 删除：在点编辑方式下，对于多余的控制点，选择点对象以后，可以直接按键盘中的【Del】键执行删除操作。

3. 点的焊接

在进行样条线编辑时，点的"焊接"使用非常广泛。可以将在同一条线上的两个端点进行"焊接"操作；若要焊接的两个端点不在同一条线上时，应先将两个点各自所在的线条执行"附加"操作，再进行点的焊接。

下面通过制作心形图案，学习点的焊接操作。

在命令面板新建选项中单击 按钮，从中选择 线 按钮，按【Alt+W】组合键，将当前视图执行最大化显示操作，在视图中单击并拖动鼠标，绘制心形的一半形状，调节点类型得到最后图形，如图 4-9 所示。

按数字【1】键，退出点的子编辑，单击主工具栏中的 按钮，进行"镜像"复制操作，如图 4-10 所示。

图4-9　绘制心形的一半形状

图4-10　镜像复制

调节图形位置，按数字【1】键，进入点的子编辑方式，单击 附加 按钮，在视图中，将鼠标置于另外线条上，出现鼠标变形提示时单击。完成"附加"操作，如图4-11所示。

右击，退出"附加"操作。在页面中单击并拖动鼠标，框选需要焊接的两个点，在参数"焊接"后的文本框中输入大于两点间距离的值，两个点之间的距离可以以网格进行参考，默认两个网格线之间的距离为10个单位。单击 焊接 按钮，如图4-12所示。

图4-11　线条附加

图4-12　完成焊接

用同样的方法，将上方的两个点进行焊接。若焊接成功后，添加"挤出"命令时生成的造型为三维模型，如图4-13所示。

图4-13　心形图案

注意事项

在3ds Max 2025软件中进行操作时，所有的按钮式命令，如附加、连接、圆角等，命令操作完成后，右击，可以直接退出该按钮命令，只有两个按钮命令除外。一个是层次选项中"仅影响轴"命令，另一个是"编辑多边形"编辑方式中的"切片平面"命令。

4. 点的连接

在进行点编辑时，若两个点之间的距离较小，可以直接使用点的"焊接"来实现。若两个点的距离相对较远，仍然可以使用"焊接"功能来实现，但是容易引起线条严重变形。此时，通过点的"连接"操作，在两个端点之间补足线条，可以实现两个端点之间的连接。

点的"连接"在使用时，与"焊接"类似，

若两个端点在同一条线时可以直接进行"连接"操作；若两个点不在同一条线时，需要先进行"附加"操作，再进行点的"连接"操作，操作简单，此处不再赘述。

5. 圆角、切角

在点的方式下，对选定的点进行圆角或切角操作。方便实现线条形状的编辑，在进行点的圆角或切角操作之前，最好将点的类型改为"角点"，如图 4-14 所示。

图4-14　圆角、切角

4.2.2　段编辑

在对编辑样条线进行操作时，两个定位点之间的线条部分称为段。

1. 创建定长度线条

在 3ds Max 2025 软件中，对于线条的编辑并不是很擅长，想要创建水平长度为 100 个单位的线条时，若用"线"工具创建时，可以通过参数 键盘输入 来实现，创建方式不够灵活。在实际操作中，可以直接创建"矩形"，将其一边的长度设置为所需要的尺寸，在"段"编辑下，删除另外三个边，得到定长度线条。

步骤1　在命令面板"新建"选项中选择 矩形 按钮，在页面中单击并拖动，生成矩形，设置长度或宽度为所需要尺寸，如 120 mm，如图 4-15 所示。

图4-15　创建矩形

步骤2　选择矩形，右击，在弹出的界面中选择"转换为"/"转换为可编辑样条线"，按数字【2】键，进入"段"的子编辑。选择另外三个边，按【Del】键将其删除。得到所需要垂直方向 120 mm 的线条，如图 4-16 所示。

2. 拆分

将选择的段，根据设置的点的个数，进行等分添加点，添加的点类型与原来点两侧的另外点类型有关，如图 4-17 所示。

图4-16　生成定长度线条　　图4-17　拆分

3. 分离

将选择的段分离出来，生成新的物体。根据后面的复选框，设置分离之后的选项，包括"同一图形"、"重定向"和"复制"三种方式，如图 4-18 所示。

图4-18　分离

4.2.3 样条线编辑

在进行"编辑样条线"操作时，最常用的操作为"点编辑"和"样条线编辑"。样条线编辑操作，通常用于将 AutoCAD 文件导入 3ds Max 软件中，再次进行样条线编辑。

1. 轮廓

对选择的线条执行轮廓化操作。与 AutoCAD 软件中的"偏移"工具类似。将单一的线条生成闭合的曲线；将闭合的曲线进行轮廓化操作，在进行操作时，数值的正负表示轮廓的方向不同，选中 中心 选项，以选择的样条线为准，向两侧平均扩展，如图 4-19 所示。

2. 布尔运算

将具有公共部分的两个图形，进行"并集"、"减集"和"交集"运算，生成符合要求的二维图形，在进行布尔运算之前，需要先将运算的多个线条执行"附加"操作，如图 4-20 所示。

图4-19　轮廓效果

图4-20　布尔运算

3. 修剪

将线条相交处多余的部分剪掉，修剪完成后，需要进行点的"焊接"操作。在样条线编辑中使用频率相对较高。

步骤1 选择其中一个线条，右击，转换到可编辑样条线操作，按数字【3】键，先将线条执行"附加"操作，单击 修剪 按钮，鼠标置于线条上，出现形状变形提示时，单击执行修剪操作，如图 4-21 所示。

图4-21　修剪

步骤2 修剪完成后，按数字【1】键，切换到点的编辑方式，按【Ctrl+A】组合键，选择所有的点，单击 焊接 按钮，根据默认数值执行点焊接操作即可。

> **技巧说明**
>
> 布尔与修剪关系：在进行布尔或修剪操作之前，两个对象需要有公共部分；执行完修剪操作后，需要进行点的焊接操作。若两个对象属于包含关系，执行完"附加"操作后，默认为"减集"操作。其他情况的运算都可以使用"修剪"来实现。

4.3　常见的二维编辑命令

通过编辑样条线操作，可以创建符合建模要求的线条。将这些线条添加"挤出"、"车削"和"倒角"等命令后，将生成各种各样的模型。

4.3.1 挤　　出

将闭合的二维图形沿截面的垂直方向进行挤出，生成三维模型，适用于制作具有明显横截面的三维模型。

1. 基本步骤

选择已经编辑完成的图形对象，在命令面板"修改"选项中单击 修改器列表 ▼ 按钮，从弹出的下拉列表中选择"挤出"命令，设置参数，如图 4-22 所示。

2. 参数说明

- **数量**：用于设置挤出方向的数量，影响当前图形挤出的厚度效果。
- **分段**：用于设置在挤出方向上的分段数。
- **封口**：用于设置挤出模型的上/下两个截面是否进行封闭处理。而"变形"选项用于在制作变形动画时，可以在运动过程中保持挤出的模型面数不变。"栅格"选项将对边界线进行重新排列，从而以最少的点面数来得到最佳的模型效果。

图4-22　挤出

- **输出**：用于设置挤出模型的输出类型，通常保持默认"网格"不变。

3. 实战应用：玻璃茶几

步骤1 在前视图中，创建矩形，长度为 500 mm，宽度为 1 200 mm，如图 4-23 所示。

步骤2 选择矩形，右击，转换为"可编辑样条线"，按数字【2】键，切换到"段"编辑方式，将底边删除，按数字【1】键，在点的方式下对矩形上方两个点进行"圆角"编辑，如图 4-24 所示。

图4-23　创建矩形

图4-24　圆角

步骤3 右击，退出"圆角"命令，按数字【3】键，切换到"样条线"方式，选择线条执行"轮廓"操作，设置参数，如图 4-25 所示。

图4-25　轮廓

步骤4 右击，退出"轮廓"命令，按数字【3】键。退出样条线子编辑。在命令面板"修改"选项中添加选择"挤出"命令，数量为 650 mm，如图 4-26 所示。

图4-26 挤出

图4-27 玻璃茶几

步骤5 在顶视图中，参照茶几模型，创建长方体，作为玻璃茶几的中间隔层。调节位置，后续添加材质，设置灯光，渲染出图。得到玻璃茶几模型，如图4-27所示。

> **总结**
>
> "挤出"命令适用于底截面绘制完成后，通过控制模型的高度，得出三维模型。

4.3.2 车削

将闭合的二维图形沿指定的轴向进行旋转生成三维物体的过程，称为车削。车削命令通常用于制作中心对称的造型。

"车削"一词来自机械加工设备——车床。将毛坯的模型置于车床的两个顶针中间，将顶针固定好后，通过电机的旋转，带动毛坯模型转动，旁边的车刀用于控制模型形状。车刀经过的区域将被削掉，生成中心对称的物体模型。

1. 基本操作

在前视图中创建二维图形并进行形状调整，如图4-28所示。

在命令面板"修改"选项中添加"车削"命令，设置参数，如图4-29所示。

图4-28 创建线条

图4-29 车削

2. 参数说明

● 度数：用于设置车削时曲线旋转的角度数，通常默认为360度。

47

- 焊接内核：通常需要选中该参数。可以去除车削后模型中间的"褶皱"破面。
- 翻转法线：选中该参数后，将查看到法线另一面的效果。
- 方向：用于设置车削时旋转的方向。分为 X 轴、Y 轴和 Z 轴。
- 对齐：用于设置车削时所对齐的位置。分为最小、中心、最大三个选项。

4.3.3 倒角

将选择的二维图形倒角为三维模型，并在边缘应用平或圆的倒角操作。通常用于标志和立体文字制作。

1. 基本操作

首先，在前视图中创建二维文字图形，如图 4-30 所示。

图4-30　创建文字

在命令面板"修改"选项中添加"倒角"命令，设置参数，如图 4-31 所示。

2. 参数说明

- 封口：用于设置倒角对象是否在模型两端进行封口闭合操作。

图4-31　倒角

- 曲面：用于控制曲面侧面的曲率、平滑度和贴图等参数。
- 避免线相交：用于设置二维图形执行倒角操作后，线条之间是否相交。通过"分离"数值，控制分离之间所保持的距离。

级别 1、2、3：用于控制倒角效果的层次。高度用于控制倒角时挤出的距离，轮廓用于控制挤出面的缩放效果。

4.3.4 倒角剖面

倒角剖面命令将二维图形在进行倒角的同时，沿指定的剖面线进行倒角操作。在 3ds Max 2025 中，还可以进行不同方式的倒角制作。

在顶视图中，创建二维图形，在前视图中创建剖面轮廓线条，如图 4-32 所示。

选择顶视图中的图形，在命令面板"修改"选项中添加"倒角剖面"命令，将倒角方式切换为"经典"，单击 拾取剖面 按钮，在前视图中单击选择剖面线条。生成三维模型，如图 4-33 所示。

技巧说明

在使用倒角剖面时，创建的线条和倒角剖面图形一定要成比例，即与实际尺寸相符合，创建完成后，使用"缩放"命令对剖面线进行操作，对最终形成的造型是没有影响的，在实际使用时，需要注意截面和剖面的选择顺序不能颠倒。

图4-32 创建图形　　　　　　　　图4-33 倒角剖面

4.4 实战案例——推拉窗、风扇、八边形展示架

通过综合案例的练习，熟悉挤出、车削、倒角等二维编辑命令。

4.4.1 推拉窗

在使用 3ds Max 2025 软件制作效果图时，通常在 AutoCAD 软件中绘制建筑物模型的平面图，根据客户需要，将 Auto CAD 绘制的文件导入 3ds Max 2025 软件中，做进一步的编辑操作。

在制作效果图所需要的推拉窗时，也可以采用 Auto CAD 绘制线条，转入 3ds Max 2025 软件中进行线条编辑的操作方式来实现。

1. Auto CAD 软件绘制

在 AutoCAD 软件中，根据实际尺寸绘制所需要的图形线条，将文件存储为"*.dwg"格式，如图 4-34 所示。

2. 3ds Max 2025 软件制作

步骤1 执行【自定义】菜单/【单位设置】命令，将系统单位和显示单位都设置成"毫米"。

步骤2 执行【文件】菜单/【导入】/【导入】命令，选择"*.dwg"格式，弹出导入选项界面，选中"焊接附近顶点"选项，其他参数保持默认，如图 4-35 所示。

步骤3 选择导入的线条，按数字【3】键，进入"样条线"编辑，选择外边框线条，单击"轮廓"按钮，在后面的文本框中输入 50 并按【Enter】键，如图 4-36 所示。

图4-34 Auto CAD图形

图4-35 导入选项

图4-36 轮廓

图4-37 轮廓中间线条

步骤4 选择中间的其他线条，选中 中心 选项，在轮廓按钮后面的文本框中输入 50 并按【Enter】键。得到推拉窗口线条，如图 4-37 所示。

步骤5 右击，退出"轮廓"编辑命令，按数字【3】键，退出样条线子编辑。在修改器列表中添加"挤出"命令，生成三维模型，如图 4-38 所示。

图4-38 推拉窗

4.4.2 风扇

根据前面所学的车削和知识点，制作 USB 桌面风扇造型，如图 4-39 所示。

图4-39 USB风扇

1. 创建风扇叶片

步骤1 在前视图中，利用二维图形中"线"绘制并通过"可编辑样条线"进行调整，得到风扇叶片形状，如图 4-40 所示。

步骤2 选择线条，在命令面板"修改"选项中，添加"挤出"命令，生成三维模型。在修改选项中添加"扭曲"命令。对物体执行扭曲操作，如图 4-41 所示。

图4-40　绘制线条

图4-43　阵列完成

步骤3 在命令面板中切换到"层次"选项，单击 仅影响轴 按钮，在顶视图中移动轴心位置，完成后，再次单击 仅影响轴 按钮，退出编辑，如图4-42所示。

2. 创建风扇栅格罩

步骤1 在左视图中，参考风扇中间叶片大小，利用"线"命令，绘制风扇栅格罩线条并通过"可编辑样条线"调整形状，设置"可渲染"属性，如图4-44所示。

图4-41　扭曲

图4-44　栅格线条

步骤2 将线条的"轴心"调整到5个风扇叶片的相同位置，可以通过"对齐"操作来实现，在前视图中执行"阵列"复制，生成风扇栅格面罩，如图4-45所示。

步骤3 在前视图中，参照风扇中间造型，分别创建圆柱和圆形，生成风扇中间造型和外框，如图4-46所示。

步骤4 在前视图中，绘制矩形，通过"可编辑样条线"调整圆角效果，在命令面板"修改"选项中添加"挤出"命令，生成风扇外框，如图4-47所示。

图4-42　更改轴心

步骤4 执行【工具】菜单/【阵列】命令，对选择的对象，进行旋转阵列复制。得到5个风扇叶片，如图4-43所示。

51

图4-45 面罩和叶片

图4-46 中间和外框

图4-47 风扇外框

步骤5 在左视图中，参照风扇外框的厚度，创建圆柱，作为风扇与外框的连接轴，复制另外一个并更改尺寸，生成外框与风扇连接轴，如图4-48所示。

图4-48 连接轴

步骤6 选择"连接轴"，在前视图中执行"镜像"复制，生成另外一侧的"连接轴"，调整位置，生成整个风扇造型，如图4-49所示。

图4-49 风扇

4.4.3 八边形展示架

根据二维图形的特点和挤出命令的应用，制作八边形展示架造型。

1. 创建造型

步骤1 在前视图中，创建八边形图形，设置参数，如图 4-50 所示。

图4-50 创建八边形

步骤2 按【F12】键，在弹出的界面中锁定 Z 轴，对其旋转 22.5 度，保持八边形上下两条边水平，右击，转换为"可编辑样条线"操作，按数字【3】键，执行"轮廓"操作，设置参数，如图 4-51 所示。

图4-51 轮廓操作

步骤3 退出"样条线"子编辑，执行"挤出"命令，设置参数，如图 4-52 所示。

图4-52 挤出

2. 复制其他造型

步骤1 在前视图中，按【S】键开启"端点"捕捉，按【Shift】键的同时移动物体，进行复制操作，如图 4-53 所示。

图4-53 复制对象

采取同样的操作方式，复制出整个八边形展示架的主体造型，如图 4-54 所示。

步骤2 在前视图中，采取与八边形类似的操作方法，创建中间的矩形并通过样条线编辑，执行"轮廓"操作，修改面板中添加"挤出"操作，复制中间区域，生成八边展架造型，如图 4-55 所示。

图4-54 复制造型

图4-55 八边形展架

第5章 复合对象

本章知识点：
1. 布尔运算
2. 图形合并
3. 放样
4. 实战案例

在使用3ds Max 2025软件建模时，除标准基本体、扩展基本体之外，还有复合对象。通过复合对象的方式，可以方便地生成所需要的复杂模型。常用的复合对象有布尔运算、图形合并和放样等方式。

5.1 布尔运算

布尔运算，是指两个三维物体的运算，通过两个具有公共部分的物体进行并集运算、交集运算、差集运算或切割运算等，生成符合要求的模型操作。布尔运算由于操作完成以后，容易在物体的表面产生多余的褶皱面，因此使用概率较小，实现布尔运算操作时，通常使用"超级布尔"，本章后面将会进行介绍。

5.1.1 布尔运算基本操作

1. 基本操作

首先，在场景中创建几何体物体，调节两个物体的位置关系，如图5-1所示。

图5-1 创建物体

其次，选择底部的长方体物体，在命令面板"新建"选项中，从下拉列表中选择"复合对象"类别，单击 布尔 按钮，在操作参数中选择 差集 方式，单击"添加操作对象"按钮，在视图中单击选择圆柱体对象，生成布尔运算结果，如图5-2所示。

图5-2 拾取对象

2. 参数说明

在进行布尔运算时，通过参数可以设置运算方式和结果，如图5-3所示。

图5-3 布尔运算

- 参考、复制、移动和实例：用于指定将"操作对象B"转换为布尔对象的方式。使用"参考"时，可以对原始对象所做的更改与"操作对象B"同步。

- 并集：将两个对象进行并集运算，移除两个几何体的相交部分或重叠部分。

- 交集：将两个对象进行交集运算，运算后将保留两个几何体相交部分或重叠部分，与"并集"操作相反。

- 差集（A–B）：从"操作对象A"中减去相交的"操作对象B"的体积。

- 差集（B–A）：从"操作对象B"中减去相交的"操作对象A"的体积。

- 切割：使用"操作对象B"切割"操作对象A"。默认方式为"优化"，即在"操作对象A"的AB物体相交处，添加新的顶点和边。

5.1.2 ProBoolean（超级布尔）

ProBloolean（超级布尔）是一种全新的布尔运算方式，具有面数少，操作方便和运算速度快等优点，是普通布尔运算的更高级的应用，其操作方式与普通布尔运算类似。

在场景中创建两个具有公共部分的物体，并调整其位置，选择运算原对象，在命令面板新建选项中，从下拉列表中选择"复合对象"，单击"ProBoolean"按钮，设置运算方式，单击"开始拾取"按钮，在场景中依次单击与其运算的另外物体，如图5-4所示。

图5-4 ProBoolean运算

5.1.3 布尔应用

布尔运算对于产生褶皱面不多的常规模型使用相对灵活，方便生成常见的画框效果，如图5-5所示。

图5-5 画框

步骤1 在命令面板"新建"选项中选择"长方体"按钮，在前视图中单击并拖动，创建长方体物体，设置参数，如图5-6所示。

步骤2 用同样的方法，在前视图创建中间的长方体造型，设置参数并调节位置，如图5-7所示。

步骤3 选择底部的淡紫色长方体，在命令面板"新建"选项中，从下拉列表中选择"复合对象"，单击"布尔"按钮，设置运算方式，单击"添加操作对象"按钮，单击中间的红色长方体，进行布尔运算，如图5-8所示。

步骤4 按【S】键，开启3°对象捕捉，设置捕捉方式为"端点"选项，如图5-9所示。

图5-6 创建长方体

形"工具捕捉中间区域绘制图形,转换到可编辑样条线,按数字【3】键,执行"轮廓"操作,添加"挤出"命令,调节位置,如图5-10所示。

图5-7 中间造型

图5-10 中间造型

步骤6 采用同样的方法,利用"矩形"工具在前视图中捕捉中间的区域,添加"挤出"命令,生成中间的图像区域,方便给中间区域添加装饰画贴图。至此,装饰画模型制作完成,如图5-11所示。

图5-8 布尔运算

图5-9 捕捉设置

图5-11 装饰画

步骤5 在命令面板"新建"选项中,利用"矩

5.2 图形合并

在 3ds Max 2025 软件中,图形合并的功能是将二维图形与三维物体进行合并运算。二维图形的正面投影需要在三维物体的表面上,两个物体才可以进行图形合并操作,如图5-12所示。

图5-12 图形合并

其次，选择三维物体，在命令面板"新建"选项中单击"标准基本体"后面的▼按钮，从中选择"复合对象"，单击 图形合并 按钮，单击参数中的 拾取图形 按钮，在参数中设置运算方式，在视图中单击选择要进行运算的二维图形，如图 5-14 所示。

2. 参数说明

- 参考、复制、移动和实例：用于指定操作图形的运算方式，与"布尔运算"类似，在此不再赘述。

1. 基本步骤

首先，在视图中创建三维物体和二维图形，调节二维图形和三维物体的位置关系，如图 5-13 所示。

图5-13 创建图形和模型

图5-14 拾取图形

5.3 放 样

放样的工艺源于古代的造船技术。造船时以龙骨为船体中心路径，在路径的不同位置处放入不同横向木板，作为截面图形，包上船体外壳，从而生成船体造型。3ds Max 2025 软件中的"放样"是将二维的截面图形沿某一路径进行连续地排列，生成三维物体造型。适用于创建截面图形和路径都非常明晰的造型。

5.3.1 放样操作

通过放样操作，可以制作很多闭合的曲面造型。如门窗套、石膏线等。

1. 基本操作

在不同的视图中，分别创建放样所需要的截面图形和路径，如图 5-15 所示。

在前视图中，选择放样路径，在命令面板"新建"选项中，从"标准几何体"下拉列表中选择"复合对象"，单击 放样 按钮，在创

图5-15 创建截面和路径

建方法中单击参数中的 获取图形 按钮，在顶视图中单击拾取放样的截面图形，生成三维造型，如图5-16所示。

图5-16 放样物体

2. 参数说明

- 创建方法：用于设置创建方法是"获取路径"还是"获取图形"。在进行放样时，若选择的对象作为截面图形，则在创建方法中单击选择"获取路径"按钮。若选择的对象作为路径，则在创建方法中单击选择"获取图形"按钮。

- 路径参数：用于控制路径不同位置处，对截面的拾取操作。可以用于进行多个截面的放样操作，这里不再赘述，后面会有所讲解。

- 蒙皮参数：设置放样生成三维模型的表面参数。

- 封口：设置生成模型后，上、下两个端口的设置，根据需要设置是否封口。

- 图形、路径步数：用于设置放样生成的模型的圆滑度，可以分别从图形步数和路径步数来单独设置。

5.3.2 放样分析

1. 适合通过放样来制作的模型

对于复合对象中的放样操作来讲，需要截面即图形和路径进行复合建模。哪一类模型适合用放样来做呢？

首先，适合通过放样制作的模型是由截面图形和路径构成的，即一个模型能否使用放样来生成，需要看该模型在观看时能否看出截面图形和路径的形状。如上面演示放样步骤时所生成的圆柱体。从顶部可以看出圆的截面图形，从前视图或左视图中可以看出垂直的线路径。模型能发现截面图形和路径，这是进行放样的前提条件。如果需要圆柱体时，没必要通过放样来实现。以制作圆柱体作为案例，主要是介绍放样的过程。

其次，截面图形和路径需要在不同的视图中进行绘制。因为三维的模型，从不同的视图中进行查看，会有不同的观看结果。在合适的视图中，绘制截面图形和路径，是进行放样操作的关键条件。

2. 放样中图形的方向选择

在进行放样操作时，对于通过闭合路径放样的图形，在观察视图中应该选择哪个方向呢？如室内装饰中的"石膏线"造型，如图5-17所示。

图5-17 石膏线

石膏线模型在制作时，在顶视图中创建路径，因为是一个闭合的造型，所以，放样中的图形可以在前视图或左视图中创建。但是，在创建图形时有两个方向。选择左侧还是右侧呢？如图5-18所示。

事实证明，选择左侧的截面进行放样时，生成的为室内装饰的石膏线造型。选择右侧的截图进行放样时，生成的为建筑物外檐口的造型。

图5-18 截面方向

3. 放样操作时，先选择截面图形和先选择路径的区别

在进行放样操作时，选择截面图形和路径的先后顺序，对于生成的模型没有任何影响，只是生成后的三维模型位置不同。若在进行放样前，路径的位置已经调节完成，先选择路径，再拾取截面图形进行放样操作比较方便。

5.3.3 截面图形对齐

对截面图形和路径进行放样操作时，默认的对齐方式很难满足实际的建模需求。通常需要手动调节截面图形和路径的对齐方式。

选择放样生成的模型，在命令面板中，切换到"修改"选项，将"Loft"前的"▶"展开，单击选择"图形"，则下面的参数会发生变化。鼠标在模型路径上移动，出现变形提示时，单击选择图形，如图5-19所示。

在"图形命令"参数中设置对齐方式，得到合适的对齐方式，如图5-20所示。

图5-20 左对齐和右对齐

图5-19 选择截面

5.3.4 多截面图形放样

在使用截面图形和路径进行放样操作时，除常规的单截面图形放样之外，还可以在同一个路径上，在不同的位置，添加多个不同的截面图形，从而生成复杂造型。

首先，在顶视图中创建两个截面图形，在前视图中创建放样路径，如图5-21所示。

其次，选择前视图中的路径，执行"放样"操作，单击"获取图形"按钮，在顶视图单击

选择矩形，生成三维模型，如图5-22所示。

在"路径参数"中，在"路径"后面的文本框中输入百分比数值并按【Enter】键，再次单击"获取图形"按钮，在顶视图中单击选择

圆图形，如图 5-23 所示。

图5-21 创建截面和路径

图5-22 放样

图5-23 获取图形

多个截面在同一个路径上放样生成的三维模型，有明显扭曲的迹象。需要通过"比较"进行扭曲的校正。

最后，选择放样生成的模型，在命令面板中将"Loft"前的"▶"展开，选择"图形"，

单击参数中的 比较 按钮，弹出比较对话框。单击弹出对话框左上角的 按钮。在路径上移动鼠标，出现"+"提示，如图 5-24 所示。

图5-24 拾取图形

单击选择图形。单击主工具栏中的 C 按钮，在前视图中选择截面图形，进行旋转。直到截面的接点与中心对齐标记处于同一条线，同时，观察透视图中模型的扭曲情况，如图 5-25 所示。

图5-25 旋转校正

5.4 实战案例——罗马柱、石膏线、羽毛球拍、扭曲花瓶

通过对本章复合对象知识点的学习，下面进行以下案例的练习，每一个案例所用到的知识点，希望广大读者认真体会，做到举一反三。

5.4.1 罗马柱

罗马柱造型通常由柱和檐构成。柱可分为柱础、柱身、柱头（柱帽）三部分。由于各部分尺寸、比例、形状不同，加上柱身纹理和装饰花纹各异，形成各不相同的柱子样式，如图 5-26 所示。

图5-26 罗马柱

步骤1 在顶视图中创建矩形，长度和宽度均为 70 mm，创建星形，半径 1 为 35 mm，半径 2 为 31 mm，点为 30，圆角半径 1 为 2 mm，圆角半径 2 为 1 mm，如图 5-27 所示。

图5-27 星形

步骤2 在前视图中，创建长为 300 mm 的直线，选择直线，在命令面板"新建"选项，从下拉列表中选择"复合对象"，单击"放样"按钮，单击"获取图形"按钮，在顶视图中单击选择矩形。生成造型如图 5-28 所示。

图5-28 放样

步骤3 在"路径参数"中路径后文本框中输入 10 并按【Enter】键，再次单击 获取图形 按钮，在顶视图中，再次单击选择矩形图形，如图 5-29 所示。

图5-29 拾取图形

步骤4 在"路径参数"中，在路径后的文本框中输入12并按【Enter】键，再次单击 获取图形 按钮，在顶视图中单击选择星形，如图5-30所示。

图5-30 获取图形

步骤5 用同样的方法，分别在路径的88位置获取星形，在90的位置获取矩形。得到最后的罗马柱造型，如图5-31所示。

图5-31 罗马柱

步骤6 选择生成的罗马柱造型，通过前面介绍的"多截面放样"知识点，使用"比较"操作对扭曲模型进行校正，得到正确造型，在顶视

图中创建矩形 70 mm×70 mm，并添加"挤出"和"弯曲"操作，设置参数，如图5-32所示。

图5-32 顶部造型

步骤7 选择顶部造型，右击，选择"转换为/转换为可编辑多边形"操作，按【F4】键，显示网格，按数字【2】键，选中"忽略背面"选项，将中间线选中，右击，选择"移除"选项，如图5-33所示。

图5-33 线条移除

步骤8 按数字【4】键，切换到多边形方式，选择中间区域，分别执行"插入"和"挤出"操作，生成顶部造型，如图5-34所示。

第5章 复合对象

步骤9 将基础罗马柱对象执行复制操作，按【S】键启用对象捕捉，设置捕捉方式为"端点"，在前视图中通过"选择并移动"工具调节位置，生成罗马柱造型。

图5-34 中间造型

5.4.2 石膏线

石膏线又称顶角线，是室内装修常用的材料，主要用于室内顶棚的装饰。石膏线可带有各种花纹，对于管线可以起到遮挡的作用，石膏线造型美观、价格低廉。具有防火、防潮、保温、隔音、隔热功能，并能起到使装饰美观的效果，是进行室内装饰经常用到的造型，特别是家装部分，如图5-35所示。

图5-36 法线

步骤2 在顶视图中，按【S】键开启对象捕捉，在对象捕捉选项中设置"端点"选项，沿长方体端点创建矩形对象，并调节位置。在前视图中创建石膏线的截面图形，如图5-37所示。

图5-35 石膏线

在室内装修建模时，可以通过"放样"或"倒角剖面"的方式来创建，本案例给大家介绍使用"放样"的方法创建石膏线。

步骤1 在顶视图中创建长方体。长、宽、高依次为 6 000 mm、4 800 mm 和 2 900 mm。在命令面板"修改"选项中，添加"法线"命令，切换到"显示"选项，选中"背面消隐"，如图 5-36 所示。

图5-37 创建截面

步骤3 选择顶视图中的路径对象,在命令面板"新建"选项中选择"复合对象"中的"放样"命令,单击"获取图形"按钮,在前视图中单击选择截面,生成石膏线造型,如图5-38所示。

单击选择"图形",在路径上移动鼠标,出现鼠标变形提示时,单击选择图形。参数中设置截面的对齐方式,得到正确的石膏线造型,如图5-39所示。

图5-38 放样完成

步骤4 选择放样生成的模型,在命令面板中切换到"修改"选项,将"Loft"前的 ▶ 展开,

图5-39 正确的石膏线造型

5.4.3 羽毛球拍

利用多个截面图形在路径上进行放样操作,实现羽毛球拍造型。

步骤1 在顶视图中创建圆图形,半径为70 mm,转换到可编辑样条线命令,调节其形状作为路径。在前视图中创建矩形,长度为12 mm,宽度为10 mm,圆角半径为2 mm。转换到可编辑样条线,调节其形状,如图5-40所示。

按钮,在前视图中选择图形,生成羽毛球拍框架模型。在"蒙皮参数"选项中,更改路径步数为30,如图5-41所示。

图5-40 创建图形和路径

步骤2 选择顶视图中的圆作为放样路径,在命令面板"新建"选项中,从下拉列表中选择"复合对象",单击"放样"按钮,单击"获取图形"

图5-41 球拍框架

步骤3 在顶视图中，参照球拍框架尺寸，创建"平面"对象，更改长度和宽度分段数，如图5-42所示。

图5-42 创建平面

步骤4 选择平面物体，在命令面板"新建"中，从"标准基本体"下拉列表中选择"复合对象"，单击 图形合并 按钮，单击 拾取图形 按钮，在顶视图中，单击选择路径线条。操作方式为"饼切"和"反转"，如图5-43所示。

图5-43 图形合并

步骤5 在命令面板"修改"选项中添加"晶格"命令，设置参数，生成球拍网线效果，如图5-44所示。

图5-44 晶格

步骤6 在顶视图中创建直线作为球拍杆路径，在前视图中，参照框架图形，创建圆形截面，再依次创建圆形和矩形，如图5-45所示。

图5-45 多个截面和路径

步骤7 选择顶视图中的线，执行"复合对象"的"放样"命令，单击"获取图形"按钮，在前视图中单击选择小圆图形，如图5-46所示。

步骤8 分别在路径75位置获取小圆，在路径80的位置获取大圆，在路径83的位置获取矩形。得到最后球拍杆的效果，如图5-47所示。

图5-46 获取图形

步骤9 根据前面所讲述的内容，对造型的扭曲进行校正。调节球拍杆与球拍框架的位置关系。得到羽毛球拍造型，如图5-48所示。

图5-48 结果

图5-47 球拍杆

> **技巧说明**
>
> 只要是不同类型的截面图形，如矩形和圆形，在同一个路径上进行放样时，容易造成模型扭曲。若为同一个类型的图形，但尺寸不同，如半径不同的两个圆，生成的模型正常显示，不会发生扭曲现象。

5.4.4 扭曲花瓶

通过对放样模型的进一步修改和调整可以影响放样生成的造型，达到实际的建模要求。下面讲解制作"扭曲花瓶"造型，如图5-49所示。

步骤1 在前视图中，创建放样所用的线条，在顶视图中创建星形，设置参数，如图5-50所示。

步骤2 在前视图中选择放样线条，在命令面板"新建"选项中，从"几何体"下拉列表中选择"复合对象"，单击"放样"按钮，单击"获取图形"参数，选择顶视图中"星形"对象，完成放样操作，如图5-51所示。

图5-49 扭曲花瓶

第 5 章 复合对象

图5-50 星形参数

图5-52 扭曲变形

图5-51 放样结果

图5-53 缩放变形

选择放样生成的模型，切换到命令面板"修改"选项中，设置"蒙皮参数"中"路径步数"为35，单击"变形"选项中的"缩放"按钮，调节变形，如图 5-52 所示。

扭曲变形调整完成后，单击右上角"关闭"按钮，再次单击"变形"选项中"缩放"按钮，在弹出的界面中进行缩放编辑，如图 5-53 所示。

步骤3 关闭"缩放变形"对话框，在透视图中右击，转换为"可编辑多边形"操作，按数字【4】键，单击"背面"按钮，选择上方多边形，按【Del】键，如图 5-54 所示。

图5-54 删除上部

69

按数字【4】键，退出子编辑，在命令面板"修改"选项中添加"壳"命令，并设置参数，如图 5-55 所示。

图5-55 壳

图5-57 上部边切角

再次右击，转换为"可编辑多边形"操作，按数字【4】键，单击"背面"按钮，按【F4】键，选择花瓶底部面，按【Ctrl】键的同时，单击"多边形"，选择底部边线，添加"切角"编辑，如图 5-56 所示。

按【Shift】键的同时复制一个，至此，扭曲花瓶建模部分完成操作，如图 5-58 所示。

图5-58 扭曲花瓶

图5-56 底边线切角

选择顶部内外两侧边线，按【Alt+L】组合键，选择多条边线，单击"切角"设置参数，如图 5-57 所示。

> **建议**
>
> 对于"可编辑多边形"操作，可以根据随书配套视频反复练习，也可以先忽略，等学完下一章后再进行"可编辑多边形"部分的练习。

第6章 高级建模

本章知识点：
1. 编辑多边形
2. 实战案例

在日常建模时，前面章节建模的思路是从局部延伸到整体。即先将整体模型拆分，局部模型建立完成后，根据位置关系组合成整体模型。从本章开始，建模的思路是从整体到局部。建立整体模型后再生成局部细节。根据分段数，再进一步细化处理，使模型更加细腻逼真，高级建模与前面的建模相比，其建模思路有着明显的区别。

6.1 编辑多边形

多边形对象也是一种网格对象，它在功能上几乎与"可编辑网格"是一致的。不同的是，"可编辑网格"是由三角面构成的框架结构，而"编辑多边形"是以四边形面为编辑对象的。可以理解为"可编辑多边形"是"可编辑网格"的升级版。在 3ds Max 2025 中，可以直接与"石墨工具"互通使用，石墨工具是编辑多边形的升级版。

可编辑多边形，根据三维物体的分段数，进行点、边、边界、多边形和元素 5 种方式的子编辑。对应的快捷键依次为【1】、【2】、【3】、【4】、【5】，子编辑完成后，按对应的子编辑方式【1】、【2】、【3】、【4】、【5】或数字【6】键都可以退出子编辑。

6.1.1 选择参数

选择参数是进行子对象编辑的切换方式，只有正常选择了相关的子编辑方式和内容，才可以进行可编辑多边形操作。

1. 转换为可编辑多边形

在场景中创建物体，选择该对象后，右击，从弹出的屏幕菜单中选择"转换为/转换为可编辑多边形"命令。

在命令面板"修改"选项中可以对物体进行编辑。根据需要进行点、边、边界、多边形和元素 5 种方式的子编辑，如图 6-1 所示。

图6-2 选择选项

图6-1 转换为可编辑多边形

2. 选择参数

选择选项的常用参数，如图 6-2 所示。

- 背面：单击该按钮后，选择的子对象区域仅为当前方向可以看到的部分。当前视图看不到的区域，不进行选择。根据实际情况，在选择对象区域之前选择该参数。

- 收缩：在已经建立选择区域的前提下，减少选择区域。每单击一次该按钮，选择区域收缩一次。

- 扩大：在已经建立选择区域的前提下，增加选择区域。与"收缩"操作相反。

- 环形：该按钮适用于在边或边界的子编辑下，以选择的边为基准，平行扩展选择区域。

- 循环：该按钮适用于在边或边界的子编辑下，以选择的边为基准，向两端延伸选择区域，默认组合键为【Alt+L】，也可以在已选择边的前提下双击，如图 6-3 所示。

图6-3 环形和循环

6.1.2 编辑顶点

在三维物体模型中，顶点为分段线与分段线的交点，是编辑多边形操作中最基础的编辑方式。同时，通过点来影响或调整物体的形状，比其他方式更为方便和快捷。

1. 常用编辑命令

具体的顶点参数如图6-4所示。

图6-4 编辑顶点

- 移除：用于删除不影响物体形状的点。若该点为物体的边线点或端点时，则不能进行移除操作。
- 挤出：在点的方式下，执行挤出操作。单击■按钮，可以在弹出的对话框中设置挤出的高度和挤出顶点宽度等参数。
- 焊接：将已经"附加"的两个对象，通过点编辑进行"焊接"操作，与"断开"操作相反。
- 切角：在点的方式下进行切角操作，可以设置切角数量及切角完成后，是否需要执行打开面操作。

- 目标焊接：将在同一条边上的两个点进行自动焊接。若两个点不在同一条边线时，不能进行目标焊接。

2. 实战应用：斧头

步骤1 在顶视图中创建长方体，设置长方体相关的尺寸参数和分段数，如图6-5所示。

图6-5 创建长方体

步骤2 将透视图改为当前操作视图，按【F4】键，右击，在弹出的屏幕菜单中选择"转换为/可编辑多边形"命令。按数字【1】键，进入点的子编辑。在前视图中调节点的位置，如图6-6所示。

步骤3 在透视图中按【Alt+W】组合键，将透视图执行最大化显示操作，单击"目标焊接"按钮，将点进行焊接，如图6-7所示。

图6-6　调节点的位置

步骤4 用同样的方法将另外几个角点执行"焊接"操作，生成斧头最后模型，如图6-8所示。

图6-7　目标焊接

图6-8　斧头

6.1.3　编辑边

在对两个顶点之间的分段线进行编辑的方式为边编辑。

1. 常用编辑命令

编辑命令如图6-9所示。

图6-9　编辑命令

- 连接：用于在选择的两个边上等分添加段数线，适用于单面空间建模。单击 连接 按钮，保持与上一次相同参数的连接。单击连接后的 □ 按钮，在当前选择的边线处弹出对话框，如图6-10所示。

图6-10　连接边

- 分段：用于设置连接的分段线数量。
- 收缩：用于控制连接后的段数线，向内或向外的收缩。

- 滑块：用于设置连接生成的分段线，靠近哪一端，默认为等分连接。
- 利用所选内容创建图形：在边的方式下将选择的边生成二维样条线。显示效果类似于"晶格"命令。
- 切角：在选择边的基础上进行切角操作。通过参数可以生成圆滑的边角效果，如图6-11所示。

图6-11 切角

- 切角类型：在以前版本中，切角类型为两种：一种是标准切角，与之前的切角样式和方法一致；另一种是四边形切角，对于四边形的造型来讲，制作切角更加自由和方便。
- 切角量：用于设置切角时的尺寸距离。
- 分段：用于设置切角后的边线分段数。值越大，切角后的效果越圆滑。
- 分开：当选中该选项后，切角完成后，将生成的圆角表面删除。方便进行"边界"编辑。
- 切角平滑：默认对选中的边线进行平滑处理，可以从后面的下拉列表中选择对整个图形进行平滑处理。

2. 实战应用：防盗窗

步骤1 在前视图中创建长方体并设置参数，如图6-12所示。

图6-12 长方体参数

步骤2 将当前操作视图切换为左视图，选择长方体，右击，在弹出的屏幕菜单中选择"转换为/转换为可编辑多边形"操作，按数字【1】键，选择右上角的点并移动其位置，如图6-13所示。

图6-13 调节点的位置

步骤3 将当前操作视图切换为透视图，按【F4】键，切换显示方式。按数字【2】键，切换为"边"的编辑方式，选中"忽略背面"选项，在编辑几何体选项中单击"切割"命令，在透视图中手动连接边线，如图 6-14 所示。

步骤4 按数字【4】键，切换到多边形方式下，在透视图中旋转，按【Q】键，选择防盗窗后面的面，按【Del】键，将其删除，如图6-15所示。

图6-14　切割

图6-15　删除后面的多边形

图6-16　利用所选内容创建图形

步骤6 退出可编辑多边形命令后，选择刚刚生成的二维图形，设置其可渲染的属性。生成防盗窗造型，如图6-17所示。

图6-17　防盗窗效果

步骤5 按数字【2】键，切换到边的编辑方式，按【Ctrl+A】组合键，全部选择边线。单击"利用所选内容创建图形"按钮，生成二维线条，如图6-16所示。

6.1.4　编辑边界

边界的编辑方式与边的方式类似，多条连续的边线且在同一个平面为边界对象。

边界方式如图6-18所示。

- **封口**：在选择的边界对象上快速闭合表面多边形，通常用于修复模型的破洞区域，如图6-19所示。

图6-18 边界

图6-19 封口前后对照

6.1.5 编辑多边形

在编辑多边形的操作中,对于多边形子编辑使用频率较高。有很多编辑命令是针对多边形子编辑方式进行的。

1. 挤出

对选择的多边形沿表面挤出,生成新的造型。选择多个且连续的多边形区域时,挤出的类型会有所不同。若选择单个面或不连续面时,挤出类型没有区别,如图6-20所示。

同。类型为"组"时,挤出的方向与原物体保持一致;类型为"局部法线"时,挤出的方向与选择的面保持一致;类型为"按多边形"时,挤出的方向与各自的表面保持一致。

2. 倒角

对选择的多边形进行倒角操作。类似于"挤出"和"锥化"相结合。在"挤出"的同时,通过"轮廓量"控制表面的缩放效果,如图6-21所示。

图6-20 挤出

- 挤出类型:用于设置对选择多个且连续多边形区域执行挤出时,挤出的方向不

图6-21 倒角

3. 桥

用于将选择的两个多边形进行桥连接。若想桥连接的两个面延伸后在同一个面上，单击"桥"后面的□按钮，弹出桥连接对话框，根据需要进行桥连接的分段数设置，如图6-22所示。

4. 插入

在多边形的方式下，向内缩放并生成新的多边形，如图6-23所示。

图6-22 桥

图6-23 插入

6.1.6 编辑元素

编辑多边形命令中的元素方式，适用于对整个模型进行编辑。单独的命令应用较少。最常用的编辑方式是对选中的模型进行"翻转法线"显示操作。与在"修改器列表"中添加"法线"命令类似。更改观察视点后，方便进行室内单面空间建模。

在透视图中选择要编辑的对象，右击，在弹出的屏幕菜单中选择"转换为/转换为可编辑多边形"操作，按数字【5】键，再次单击物体，右击，在弹出的屏幕菜单中选择"翻转法线"命令，如图6-24所示。

图6-24 翻转法线

6.2 实战案例——钛金茶几、随机旋转背景墙、扭曲花瓶、瓶盖、钻面碗、室内空间、球形沙发椅、硬包背景墙、波浪背景墙

利用前面所学的编辑多边形工具,结合"壳"、"涡轮平滑"和"石墨工具"制作以下实例。

6.2.1 钛金茶几

结合所学知识点和可编辑多边形操作,制作钛金茶几模型,如图 6-25 所示。

图6-25　钛金茶几

1. 创建中间造型

步骤1 在顶视图中创建圆图形并设置参数,在可编辑的多边形中去掉下半部分,如图 6-26 所示。

图6-27　图形单元

图6-26　圆和参数

步骤2 在样条线编辑操作中向下复制"半圆",在"点"编辑方式下,通过"连接"方式,生成两侧竖向线条,再将复制生成的"半圆"删除,生成一个图形单元,如图 6-27 所示。

步骤3 退出"可编辑样条线"编辑,开启 2.5D "端点"和"中点"捕捉,在前视图中复制生成一组图形单元,如图 6-28 所示。

图6-28　端点和中点捕捉复制

步骤4 将两个图形执行"附加"操作,在命令面板"修改"选项中添加"挤出"命令,数量为20,再次添加"壳"命令,外部量为2,生成模型,如图6-29所示。

图6-29 挤出和壳操作结果

步骤5 开启"端点"捕捉方式,在前视图中水平复制30个,全部选择,右击,执行"转换为"/"转换为可编辑多边形"操作,对生成的所有模型执行"附加"操作数字【1】键切换到"点"编辑方式,分别在左右两侧删除部分点,如图6-30所示。

图6-30 点编辑

步骤6 按数字【1】键,退出点编辑,在命令面板"修改"选项中,添加"弯曲"命令,再次转换到"可编辑多边形操作",对于弯曲后连接的区域,执行"焊接"操作,生成中间主体部分,如图6-31所示。

图6-31 中间主体部分

2. 生成上下造型

步骤1 在顶视图中,以中间主体部分为参照尺寸,创建圆形并设置"可渲染"参数,生成底部造型,如图6-32所示。

图6-32 底部造型

步骤2 在前视图中选择底部造型,向上复制并调整造型位置,生成顶部造型,如图6-33所示。

图6-33 顶部造型

3. 茶几桌面

步骤1 复制顶部造型,去掉其"可渲染"参数,在命令面板"修改"选项中添加"挤出"命令,数量为20,转换为"可编辑多边形"操作,单击"背面"按钮,按数字【4】键,选择顶部多边形,按【Ctrl】键的同时,单击"边",执行"切角"操作,对桌面边缘进行圆滑处理,生成桌面,如图6-34所示。

步骤2 采用同样的方法,对桌面底部区域执行"切角"操作,调整各个物体的位置关系,生成钛金茶几造型,如图6-35所示。

图6-34　边切角

图6-35　钛金茶几

6.2.2　随机旋转背景墙

使用石墨工具，制作随机旋转背景墙，如图6-36所示。

图6-37　创建平面

步骤2　在透视图中选择平面，右击，转换为可编辑多边形操作，按数字【2】键，按【Ctrl+A】组合键，再次右击，在弹出的屏幕菜单中选择"分割"操作，如图6-38所示。

图6-36　随机旋转背景墙

1. 模型分析

对于随机旋转的背景墙造型，在建模时肯定需要通过灵活的方式实现"随机"的操作。因此，可以借助"石墨工具"中特有的"随机选择"操作方式来进行。

2. 制作步骤

步骤1　在前视图中创建"平面"物体并设置参数，如图6-37所示。

图6-38　分割

按数字【4】键,在"石墨工具"中"按随机"选项,输入百分比为30,单击"选择"按钮,如图6-39所示。

图6-39 随机选择

步骤3 按【E】键,在透视图中锁定"X"轴,旋转适当角度,如图6-40所示。

图6-40 旋转

按同样30%的比例,再次单击"随机选择"按钮,选择另外的多边形,进行"X"轴锁定选择,可以多进行几次随机旋转操作,如图6-41所示。

图6-41 多次随机旋转

3. 分离调整

步骤1 按同样的随机选择方式,选择多边形,单击参数中的"分离"按钮,分别生成不同的物体并设置颜色,如图6-42所示。

图6-42 随机分离

步骤2 按【Ctrl+A】组合键,选择所有物体,在命令面板"修改"选项中添加"壳"命令,生成具有厚度模型,如图6-43所示。

图6-43 随机背景墙

6.2.3 扭曲花瓶

根据可编辑多边形的建模思路和特点，结合 FFD（自由变形）实现扭曲花瓶造型，如图 6-44 所示。

图6-44 扭曲花瓶

1. 模型分析

根据扭曲花瓶的外观特点，当前模型可以使用从整体到局部的方式来进行，即先生成整体的外观样式，再通过 FFD（自由变形）进行整体外观调整。

2. 制作步骤

步骤1 在顶视图中创建圆柱体，设置相关参数，如图 6-45 所示。

图6-45 圆柱体

步骤2 选择圆柱体，右击，转换为可编辑多边形，按数字【4】键，分别选择圆柱体上下圆截面并执行"删除"操作，如图 6-46 所示。

图6-46 删除上下截面

步骤3 按数字【2】键，间隔选择竖线边线，按住【Ctrl】键的同时，单击"点"方式，切换到间隔选择圆柱竖向点，按【R】键，切换到选择并缩放命令，在透视图中缩放 XY 平面，生成初步变形效果，如图 6-47 所示。

图6-47　XY平面缩

步骤4 按数字【1】键，退出"点"子编辑，在命令面板"修改"选项中添加"涡轮平滑"命令，迭代次数为2，如图6-48所示。

图6-48　涡轮平滑

步骤4 在命令面板"修改"选项中添加"FFD（圆柱体）"自由编辑，设置参数分别为4 4 5，在前视图中，通过"控制点"调整模型外观形状，如图6-49所示。

图6-49　自由变形

步骤5 退出FFD控制点编辑，在命令面板"修改"选项中添加"扭曲"命令，对模型进行适当旋转，如图6-50所示。

图6-50　扭曲

步骤6 选中物体，再次右击，转换为"可编辑多边形"，按数字【3】键，选择底部边界，单击"封口"按钮，完成花瓶底部封口操作，如图6-51所示。

步骤7 退出"边界"编辑，添加"壳"命令，增加花瓶厚度，再次转换到可编辑多边形操作，按数字【2】键，选择花瓶开口部分，添加"切角"命令，如图6-52所示。

第 6 章　高级建模

步骤8 按数字【2】键,退出"边"子编辑,按【F4】键,更换显示方式,生成扭曲花瓶,如图 6-53 所示。

图6-51　封口

图6-52　切角

图6-53　扭曲花瓶

6.2.4　瓶　　盖

由于最近几年 3D 打印的推广和发展,在进行产品建模时,3ds Max 也有了很大的发展空间。毕竟从电脑模型到实际打印之间的技术衔接做得越来越好,中间流程操作越来越简洁。下面介绍通过可编辑多边形的方式来生成瓶盖造型,如图 6-54 所示。

图6-54　面片灯罩

1. 模型分析

根据瓶盖的外观来分析，由于模型本身的外观特点，用普通的长方体或球体等做初始模型不容易实现。因此，这个思路可以完全放弃，通过将模型拆分组合的方式来生成瓶盖模型。

2. 制作步骤

步骤1 在顶视图中创建平面，设置参数，如图 6-55 所示。

图6-55　创建平面

步骤2 在透视图中右击，将其转换到可编辑多边形操作，按数字【4】键，选择中间的两个面，执行"挤出"操作，如图 6-56 所示。

图6-56　挤出

步骤3 按数字【1】键，切换到"点"编辑方式，在"编辑顶点"选项中单击"目标焊接"按钮，在视图中将"挤出"后的点进行焊接操作，如图 6-57 所示。

图6-57　目标焊接

在按住【Alt】键的同时，按下滚轮移动鼠标，执行"弧线旋转"操作，按数字【4】键，选择中间多边形，按【Del】键，将其删除，如图 6-58 所示。

图6-58　删除多边形

按数字【1】键，切换到"点"编辑方式，选择上面顶点，按【E】键，对其执行非等比例缩放，如图 6-59 所示。

步骤3 按数字【1】键，退出"可编辑多形"子编辑操作，在顶视图中按【S】键，开启"端点"捕捉，在按住【Shift】键的同时，移动复制，数量为 20，如图 6-60 所示。

图6-59 锁定轴向缩放

图6-62 焊接

图6-60 复制

选择其中一个物体，单击"附加"后面的按钮，在弹出的对话框中按住【Ctrl+A】组合键，单击"附加"按钮，完成复制后所有物体的附加操作，如图6-61所示。

图6-63 弯曲

右击，再次转换到可编辑多边形操作，按数字【1】键，切换到"点"编辑，按【Ctrl+A】组合键，对刚刚弯曲连接处的点进行"焊接"操作，如图6-64所示。

图6-61 全部附加

按数字【1】键，切换到"点"子编辑，按住【Ctrl+A】组合键，单击"焊接"后面按钮，在弹出的对话框中，单击"◯"确定，完成"焊接"操作，如图6-62所示。

步骤4 按数字【1】键，退出"可编辑多形"子编辑操作，在命令面板"修改"选项中，添加"弯曲"命令，设置参数，如图6-63所示。

图6-64 再次焊接

步骤5 退出子编辑操作后，在左视图中将其旋转到合适角度，在透视图中，按数字【3】键，切换到"边界"子编辑，在按住【Shift】键的同时进行"缩放"操作，生成一个分段，如图6-65所示。

单击"编辑边界"选项中的"封口"按钮，对瓶盖上半部分进行封闭操作，按数字【3】键，退出"边界"编辑，在命令面板"修改"选项中添加"涡轮平滑"命令，设置"迭代次数"为2，生成瓶盖造型，如图6-66所示。

图6-65 复制生成分段

图6-66 瓶盖

6.2.5 钻面碗

产品建模也是3ds Max软件应用的一个重要领域，通过软件，把设计的创意表现出来，方便3D打印和批量生产。在此介绍通过可编辑多边形的方式来生成钻面碗造型，如图6-67所示。

图6-67 钻面碗

1. 模型分析

对于普通的碗造型来说，使用常规"车削"编辑即可实现，但对于钻面碗造型来说，除了常规的中心对称之外，外表面还有钻石切割面造型部分。因此，对于钻面碗来讲，可以采用与前面"瓶盖"类似的方法，通过将模型拆分组合的方式来生成钻面碗模型。

2. 制作步骤

步骤1 在前视图中创建长方体并设置参数，如图6-68所示。

图6-68 创建长方体

图6-70 面片造型

在透视图中右击,转换为可编辑多边形操作,按数字【4】键,选择多边形,右击,在弹出的屏幕菜单中选择"塌陷",生成切割面,如图6-69所示。

图6-69 塌陷

图6-71 捕捉复制

按【F4】键显示线框,将"塌陷"操作后的背面多边形选中,再按【Del】键将其删除,生成面片造型,如图6-70所示。

步骤2 退出子编辑,在前视图中,按【S】键,开启"端点"捕捉,在按住【Shift】键的同时,移动复制,如图6-71所示。

在可编辑多边形编辑中对两个面片造型执行"附加"操作,按数字【1】键,按【Ctrl+A】组合键选择所有点,执行"焊接"操作,如图6-72所示。

图6-72 点焊接

在透视图中单击"切片平面"按钮,在场景中调整平面位置,使其位于底部造型高度一半的位置,单击"切片"按钮,如图6-73所示。

图6-73 切片平面

按数字【4】键,将切片平面底部区域选中并删除。退出子编辑,采用"端点"捕捉的方式,水平复制15个,如图6-74所示。

图6-74 复制

步骤3 选择其中一个物体,整体执行"附加"操作,按数字【1】键,按【Ctrl+1】组合键,单击"焊接"后面按钮,对所有的点进行"焊接"操作,如图 6-75 所示。

图6-75 焊接

在透视图中,按数字【2】键,按【Ctrl+A】组合键,选择所有"边",单击"切角"按钮,类型为"三角形",设置参数,如图6-76所示。

图6-76 切角

退出子编辑操作,在命令面板中添加"弯曲"命令,如图6-77所示。

图6-77 弯曲

步骤4 再次右击，转换到可编辑多边形操作，按数字【1】键，切换到"点"编辑，按【Ctrl+A】组合键，执行全部选择，执行"焊接"操作，单击"切割"按钮，在焊接处进行连接分段线操作，如图6-78所示。

图6-78 切割

按数字【2】键，选择焊接处多余的边线，执行"移除"操作，点移除后，再对多余的点进行"移除"操作，如图6-79所示。

图6-79 移除边线

退出子编辑，在命令面板"修改"选项中，添加"FFD3×3×3"命令，在前视图中调整形状，如图6-80所示。

图6-80 自由变形

再次转换到可编辑多边形操作，按数字【3】键，选择底部边界，分别进行"缩放"复制、向上"移动"复制、向内"缩放"复制和封口操作，如图6-81所示。

图6-81 多次复制

按数字【4】键，选择底部多边形，执行"挤出"操作，生成碗底部造型，如图6-82所示。

图6-82 挤出

步骤3 按数字【3】键，选择碗顶部"边界"区域，在按住【Shift】键的同时进行"缩放"操作，生成碗厚度，如图6-83所示。

图6-83 生成碗厚度

在前视图中，向下移动复制内部边界区域，移动到碗底部区域，在顶视图中锁定XY平面进行缩放，调整其与碗底部大小保持匹配，如图6-84所示。

图6-84 XY平面缩放

在透视图中再次执行"缩放"复制和"封口"操作，选择上下两圈边线，执行"切角"操作，如图6-85所示。

图6-85 边切角

退出子编辑，对模型执行"涡轮平滑"操作，设置参数，生成钻面碗造型，如图6-86所示。

图6-86 钻面碗

6.2.6 室内空间

在使用 3ds Max 2025 软件制作室内效果图时，根据测量的尺寸，绘制平面图。再由平面图生成室内空间造型。对于内部观察的空间，不需要知道墙体厚度和地面厚度等信息。因此，为了方便和快捷，制作室内空间时，通常使用单面建模的方式。

1.CAD 图形处理

在 CAD 中，新建图层并置为当前，利用"多段线"工具，沿墙体内侧通过"对象捕捉"来绘制线条。遇到门口或窗口位置时，需要单击创建定位点。将文件保存，如图 6-87 所示。

图6-87　CAD存储文件

2. 导入 3ds Max

在 3ds Max 软件中，通过【自定义】/【单位设置】命令，设置软件单位。执行【文件】/【导入】/【导入】命令。文件格式选择"*.dwg"，选择文件，单击"打开"按钮，在弹出的对话框中选中"焊接附近顶点"选项，如图6-88 所示。

图6-88　导入选项

选中导入的图形，添加"挤出"命令，将数量改为 2 900 mm，按【M】键，选择空白样本球并赋给物体，设置漫反射颜色，如图6-89 所示。

3. 多边形编辑

步骤1　选择挤出生成的物体，右击，在弹出的屏幕菜单中选择"转换为/转换为可编辑多边形"命令，按数字【5】键，进入"元素"子编辑，单击选中墙体，右击，选择"翻转法线"命令。更改观看模型的视角。选中模型，再次右击，选择"对象属性"命令，在弹出的界面中选中"背面消隐"选项。得到室内空间效果，如图 6-90 所示。

图6-89　挤出物体

图6-90　室内空间

步骤2　将透视图最大化显示，调节观察方向。按数字【2】键，进入"边"的子编辑下，选中"忽略背面"选项，选择垂直两边，单击"连接"后面的■按钮，在弹出的界面中设置连接的边线数。生成窗口水平线，如图 6-91 所示。

步骤3　选择其中的一边，按【F12】键，在弹出的界面中设置窗台高度，如图 6-92 所示。

步骤4　用同样的方式，调节窗口上边缘高度。按数字【4】键，选择中间区域，单击"挤出"按钮。将其挤出 −200 个单位，按【Del】键将其删除。生成窗口造型，如图 6-93 所示。

93

用同样的方式，选择左侧中间的面，向内挤出 −1 000 mm，生成中间的走廊空间。

4. 添加相机

在命令面板中切换到"新建"选项，单击"摄影机"选项，单击选择"目标"，在顶视图中单击并拖动鼠标。为整个场景添加相机，如图 6-94 所示。

图6-91　连接边

图6-94　添加相机

在左视图中，选择摄影机和目标点，向上调节高度位置。在透视图中按【C】键，切换到摄影机视图，选中相机，在参数中选中"手动剪切"选项，设置"近距剪切"和"远距剪切"选项。近距剪切是指相机的观看起始位置，远距剪切是指相机观看的结束位置。在摄影机视图中，可以通过右下角的"视图控制区"中的按钮调节最后效果，如图 6-95 所示。

图6-92　窗台高度

图6-93　窗口造型

图6-95　单面空间

6.2.7 球形沙发椅

家具设计也是 3ds Max 2025 软件应用的领域之一，虽然没法进行尺寸标注，但设计出来的家具显示效果比较真实，方便查看效果。在此介绍通过可编辑多边形的方式来生成球形沙发椅造型，如图 6-96 所示。

图6-96　球形沙发椅

1. 模型分析

球形沙发椅可以分为底座部分、球形外壳和中间软包三个部分，因此，模型分析的过程就是思路形成的过程。

2. 制作步骤

步骤1 在前视图中创建球体并设置参数，如图 6-97 所示。

图6-97　创建球体

右击，转换为"可编辑多边形"操作，按数字【1】键，在顶视图中选择部分点，按【Del】键将其删除，在命令面板"修改"选项中添加"壳"命令并设置参数，如图 6-98 所示。

图6-98　壳和参数

再次右击，转换为"可编辑多边形"操作，按数字【4】键，单击"分离"参数，将球体内部单独生成一个物体，如图 6-99 所示。

图6-99　内部分离

步骤2 选择球体外部对象，按【Alt+Q】组合键，将其孤立显示，按数字【3】键，选择开口边界，在按住【Shift】键的同时向内侧移动复制，如图 6-100 所示。

按数字【2】键，依次选择两段边线，按【Alt+L】组合键，选择两圈边线，执行"切角"操作，如图 6-101 所示。

图6-100 复制边界

图6-101 切角

按数字【2】键，退出边的子编辑，退出"孤立"模式，再次选择内部造型，按【Alt+Q】组合键，在命令面板"修改"选项中添加"壳"命令，设置参数，如图6-102所示。

图6-102 壳

步骤3 再次右击，转换到"可编辑多边形"操作，按数字【4】键，按【Del】键，将内部造型外壳部分删除，如图6-103所示。

图6-103 删除外壳

按数字【2】键，在前视图中选择边，如图6-104所示。

图6-104 选择边

在透视图中对选择的边执行两次"挤出"操作，如图6-105所示。

选择"竖向"边线，单击"环形"按钮，单击"连接"命令，在顶视图中将连接的边线适当移动，如图6-106所示。

选择底部边，执行"循环"操作，选择全部边线，执行"切角"操作，如图6-107所示。

步骤4 退出"孤立"模式,完成球形造型编辑,在顶视图中,创建长方体,转换到"可编辑多边形"操作,对模型进行调整,如图 6-108 所示。

图6-105 挤出边

图6-108 调整形状

调整完形状后,在命令面板"修改"选项中添加"涡轮平滑"命令,设置"迭代次数"为 2,生成坐垫造型,如图 6-109 所示。

图6-106 调整边线

图6-107 边切角

图6-109 坐垫造型

按同样的操作方法生成靠背部分,详细操作请看配套视频。

步骤5 按【Ctrl+A】组合键,选择所有物体,执行"组"菜单/"组"命令,在左视图中,旋转15度,在顶视图中,创建二维圆形,半径350,在透视图中右击,转换为"可编辑多边形"操作,按数字【4】键,添加"挤出"命令,数量为20,如图6-110所示。

图6-111 边线切角

图6-110 多边形编辑

执行"插入"操作,数量为260,执行"挤出"操作,数量为180,按数字【2】键,选择边线,执行"切角"操作,如图6-111所示。

再次按数字【2】键,退出可编辑多边形编辑,调整模型之间的位置关系,生成球形沙发椅,如图6-112所示。

图6-112 球形沙发椅

6.2.8 硬包背景墙

在进行室内设计时,无论是工装还是家装,背景墙面的装饰比较常见,毕竟硬装在整个装饰投入中所占的比例还是比较大的,因此,好看的背景墙是非常重要的。下面介绍硬包背景墙的制作方法,如图6-113所示。

1. 模型分析

对于硬包背景墙模型来说,每一个菱形与菱形拼接缝隙都需要有一个长条状线条,这无形中增加了常规建模操作的难度,因此,这个长缝隙是当前案例操作的技巧。

2. 制作步骤

步骤1 在前视图中,创建"平面"物体并设置相关参数,如图6-114所示。

开启"石墨"工具,单击"转换多边形"按钮,开启"拓扑"选项,选择"边方向"拓扑方式,如图6-115所示。

在透视图中，按数字【1】键，选择除四角之外的所有点，执行"切角"操作，设置参数，如图6-116所示。

图6-113　硬包背景墙

图6-116　点切角

步骤2 按数字【2】键，选择切角后生成的水平边线，选择几个特殊角度后，通过"石墨"工具中的"相似"来加选，右击，选择"塌陷"命令，如图6-117所示。

图6-114　创建平面

图6-115　边方向

图6-117　塌陷

按数字【1】键，调整平面上下两部分多余边线点的位置坐标，按数字【2】键，按

【Ctrl+A】组合键选择所有边线条，设置折缝，参数为1，单击"网格平滑"后面的按钮，设置参数为1，如图6-118所示。

在透视图中，保持默认选择边线的同时，沿Y轴移动，按数字【2】键，退出子编辑，添加"涡轮平滑"命令，设置参数，完成硬包背景制作，如图6-119所示。

图6-118　网格平滑

图6-119　硬包背景墙

6.2.9　波浪背景墙

波浪板是一种新型时尚的室内装饰板材。主要应用于宾馆、会所、家居装饰、歌舞厅、度假村、商场、别墅等装饰工程，特别适合于设计门庭、玄关、背景墙、电视墙、廊柱、吧台、门、吊顶、展架。可代替天然木皮、贴面板等。波浪板主要有直波纹、水波纹、冲浪纹、金甲纹、纺织纹、雪花纹等几十种花纹造型，表面效果有纯白板、贴金银、珠光板、星光板、裂纹漆板、仿石等近三十种效果。造型优美、工艺精细、结构均匀、立体感强、绿色环保、时尚高贵，深受广大消费者的喜爱，如图6-120所示。

图6-120　波浪背景墙

1. 模型分析

波浪板造型表面有一些随机的波浪凹凸，具有很强的随机性。因此，在建模时，最好可以通过随机的变形或是调整进行，表面还有一些圆滑的凹凸不平，因此，可以使用"涡轮平滑"的方式进行。

2. 制作步骤

步骤1 在前视图中创建平面，设置参数，添加"涡轮平滑"命令，如图 6-121 所示。

图6-121　平面造型

步骤2 在命令面板"修改"选项中添加"置换"命令，并将其与材质编辑器进行"实例"复制，添加"细胞"程序贴图，如图 6-122 所示。

图6-122　贴图实例复制

步骤3 设置细胞程序贴图和置换参数，如图 6-123 所示。

图6-123　调节参数

步骤4 在命令面板"修改"选项中返回"涡轮平滑"编辑器，更改"迭代次数"，如图 6-124 所示。

图6-124　调整参数

将编辑命令塌陷到"可编辑多边形"操作，通过"收缩/扩散"操作进行变形调整，在使用时，结合【Alt】键进行绘制，生成波浪板造型，如图 6-125 所示。

图6-125 波浪板

第7章 材质编辑

本章知识点：
① 基础知识
② 常见材质
③ 常见贴图
④ 材质实例

通过前面建模知识的学习，广大读者可以创建出场景所需要模型。此时的模型只是外观看起来像。但表面的材质表现还不够细腻和真实。通过对物体材质的添加，可以将效果图表现得更加逼真，要渲染出真实的自然效果，需要材质、灯光和渲染设置的相互配合。

7.1 材质基础知识

在 3ds Max 2025 软件中，材质和贴图主要用于描述模型表面的物质状态，构造真实世界中自然物质的视觉表象。不同的材质与贴图能够给人们带来不同的视觉感受，因此，在 3ds Max 2025 软件中，材质是营造客观事物真实效果的最有效手段之一，此外，渲染的结果还需要结合灯光、渲染器来进行，渲染器不同，渲染的结果则不同。

7.1.1 理论知识

1. 材质

材质，顾名思义，即物体的材料质地。就是日常生活中所提到的材料，如墙面上的壁纸，那么壁纸就是墙面装修的材质。在 3ds Max 2025 软件中，物体的材质主要通过颜色、不透明度和高光特征等方面来体现。

对于玻璃球、橡胶球和不锈钢球三个不同的物体。在建模时，模型效果是一样的。通过颜色、不透明度和高光特征等方面，就可以将三个不同的材质物体区分开来。颜色、不透明度和高光特征等方面也被称为材质的三要素，通过三要素的调节构成最基本的材质元素。三要素中的任何一个方面不一样，在软件中则表现为不同的材质类型。

2. 贴图

贴图是指依附于物体表面的纹理图像。用于替换材质三要素中的颜色部分，如皮肤材质。对于皮肤来讲，表面并不是单一的颜色，而是具有皮肤纹理的图像。

对于某个物体来讲，可以没有贴图。但不能没有材质。贴图属于材质三要素中替换颜色的部分。

3. 贴图通道

通过给物体添加贴图，实现材质的特殊效果，如折射贴图。在折射贴图方式中添加贴图，实现材质的折射效果。凹凸贴图，通过给物体添加凹凸贴图，实现物体渲染时表面的凹凸效果。

7.1.2 材质编辑器

材质编辑器是用于编辑场景模型纹理和质感的工具。它可以调整材质表面的颜色、高光和透明度等物体的质感属性，并且可以指定场景模型所需要的纹理贴图，使模型更加真实。

按【M】键，打开材质编辑器，也可以根据使用者的个人喜好，在主工具栏中，从下拉列表中选择开启精简模式或 Slate 模式，如图 7-1 所示。

在此，以"精简"模式介绍材质编辑器。

该对话框分为上、下两部分，上半部分由样本球、工具行和工具列组成，下半部分由材质及材质的基本参数组成。

1. 样本球

用于显示材质和贴图的编辑效果。默认时每个样本球代表一类材质，总共有 24 个样本球。右击样本球，可以在弹出的屏幕菜单中更改样本球默认的显示方式。

2. 工具行

位于样本球下端的工具按钮，在此介绍常用的工具按钮。

图7-1 材质编辑器模式

- 获取材质：用于新建或打开存储过的材质。在材质编辑器界面中按【G】键，可以弹出获取材质对话框，从弹出的界面中选择浏览方式。

- 赋材质：用于将当前样本球的材质效果赋给场景中已经选择的物体。若该按钮显示为灰色，表示当前样本球的材质不可用或场景中没有选择物体。

- 重置贴图：将当前材质的各个选项恢复到系统默认设置。

- 放入库：将当前样本球的材质存入当前材质库。方便在其他文件中使用该材质。放入库时，需要对材质进行命名操作。

- 材质效果通道：单击该按钮后，从弹出的下拉列表中选择 ID 编号，指定 Video Post 通道，以产生材质特殊效果。

- 在视口中显示贴图：单击该按钮后，物体上的贴图即在视口中显示。默认时，贴图在渲染时显示贴图。

- 转到父级：将当前编辑操作移到材质编辑器的上一层级。

- 转到同一级：将当前编辑操作跳转到同一级别的其他选项。

3. 工具列

工作列选项中有很多命令按钮，通常影响样本球的显示效果。因此，平时在操作时很少更改。

- 采样类型：用于设置样本球的显示方式，单击该按钮时，可以从中选择长方体或圆柱体的显示效果。只影响样本球，不影响实际效果。

- 背光：用于设置当前样本球的背景光源。该按钮仅影响样本球的三维显示效果。

- 背景：单击该按钮后，为样本球添加方格背景。方便调节材质的半透明效果。

- UV 平铺：单击该按钮后，样本球中显示贴图的平铺效果，仅影响样本球的显示效果，与实际渲染无关。

- 视频颜色检查：单击该按钮后，用于检查场景视频生成时表面颜色的溢色问题，出现红色曝光提示时，表示该颜色在生成视频后颜色出现问题。

- 生成预览：将当前场景中的材质进行关键帧预览。方便检查动画输出时材质是否存在问题。

- 选项：单击该按钮后，用于设置材质编辑器的默认选项，方便恢复和还原默认材质编辑器的状态。

- 材质/贴图导航器：用于查看当前物体材质及使用贴图的情况，方便快速查看或更改当前物体的贴图路径。

7.2 常见材质

在日常使用材质时，除了标准材质外，还需要用到其他材质类型，如物理材质、多维/子对象材质等。

7.2.1 物理材质

物理材质是一种比标准材质高级的材质类型，也是当前版本默认的材质类型，3ds Max 把物理材质研发出来的目的，就是希望材质调节时，只需要更改简单的几个参数就可以实现材质的完美效果。

1. 预设

通过"预设"卷展栏可以访问"物理材质"预设，以便快速创建不同类型的材质，如陶瓷、塑料或玻璃等，如图 7-2 所示。

图7-2　预设选项

2. 材质模式

材质模式分为"简单"和"高级"两种：简单模式包括的参数可创建最切实可行的材质。高级模式包括附加的反射颜色和权重、漫反射粗糙度和高级反射比参数，在自定义材质时需要使用这些设置。

3. 涂层参数

"涂层参数"主要用于为材质添加透明涂层，并让透明图层位于所有其他明暗处理效果上，涂层基本参数如图 7-3 所示。

- 涂层权重：用于设置涂层的厚度。
- 涂层颜色：用于设置涂层的颜色，通常与材质的高光区域颜色一致。
- 粗糙度：默认显示粗糙度，可以从下拉列表中选择"光泽度"，用于设置物体表面上的粗糙数量，值越大，物体表面的粗糙效果越明显，"光泽度"与"粗糙度"相反。
- 涂层 IOR：涂层折射率，用于设置涂层的折射率级别，仅影响折射的角度依赖关系，涂层实际上不对灯光进行折射。
- 影响基本：颜色数值比重可以从 0~1 进行调整，值越低，颜色越暗，涂层效果越饱和。
- 粗糙度：涂层对基本材质的粗糙度产生的效果级别，涂层越粗糙，对基本材质的粗糙度产生的影响越大。

4. 基本参数

基本参数受"材质模式"影响，有"简单"和"高级"两种参数组：标准模式用于常见材质的调整参数，高级模式用于自定义材质参数，如图 7-4 所示。

图7-3　涂层基本参数

图7-4　基本参数

(1) 基础颜色和反射组

- 权重：基础颜色的相对度量。单击"权重"旁边的按钮，可以选择贴图、场景或示例。

- 颜色：对于非金属，类似于"标准材质"中漫反射颜色，对于金属，它是金属本身的颜色，单击后面的按钮，可以选择贴图来替换颜色。

- 粗糙度：较高的粗糙度会产生较模糊的材质，较低的粗糙度会产生更为镜面状的材质。可以通过选中"反转"进行反转。

- 金属度：用于处理材质明暗之间的混合，当为 0 时，非金属材质将基础颜色作为漫反射组件进行渲染，当为 1 时，金属材质渲染后仅反射，反射面向角的基础颜色及边上的反射颜色（通常为白色）。

- IOR：折射率，用于影响材质折射的强度。

(2) 透明组

- 权重：用于设置材质透明程度的相对量。
- 颜色：用于设置透明度的颜色。
- 锁定：单击该按钮后，将透明度粗糙度数值锁定为反射粗糙度数值。

(3) 次表面散射组

- 权重：用于控制次表面散射/半透明的相对强度。

- 颜色：用于调整次表面散射/半透明的颜色，通常与基础颜色（漫反射颜色）相同。

- 散射颜色：用于设置散射灯光媒介的内部颜色，通常保持默认。

- 深度：用于设置灯光在材质中的扩散量。

7.2.2 多维/子对象材质

多维/子对象材质可以根据物体的 ID 编号，将一个整体对象添加多种不同的子材质。多维/子对象材质属于常见的复合材质类型。

1. 材质界面

多维/子对象材质界面如图 7-5 所示。

图7-5　多维/子对象材质界面

- 设置数量：单击该按钮后，可以设置子材质的数目。默认子材质数目为 10 个，根据实际需要可以设置多个子材质。

- 添加：单击一次该按钮，就可以为当前多维子材质添加一个新的子材质。

ID：显示当前材质的 ID 编号，需要跟"编辑多边形"中的 ID 号顺序保持一致。

2. 实战应用：显示器

步骤1 在 3ds Max 2025 软件中，创建长方体并设置参数，通过编辑多边形的方式，生成显示器基本模型，如图 7-6 所示。

图7-6　显示器

步骤2 在"编辑多边形"方式中，按数字【4】键，选中"忽略背面"选项，在透视图中选择中间多边形区域，在"材质 ID"选项中，在"设置 ID"后文本框中输入设置的数字编号并按【Enter】键。设置选择区域的 ID 编号，如图 7-7 所示。按组合键【Ctrl+I】，实现反选，再次设置选择区域的材质 ID，退出当前多边形子编辑。

步骤3 按【M】键，弹出材质编辑器对话框，单击"Standard"按钮，在弹出的界面中双击"多维/子对象"材质，更改当前材质为"多维/子对象材质"，单击工具行中的 按钮，将样本球材质赋给场景中的物体。依次设置材质 ID 对应的子编辑。即实现一个物体根据 ID 添加不同子材质，根据需要，添加"UVW 贴图"进行贴图纠正，如图 7-8 所示。

图7-7 设置ID编号

图7-8 多维/子对象材质

7.3 常见贴图

依附于物体表面的纹理图像被称为贴图。贴图的主要作用是模拟物体表面的纹理和凹凸效果。还可以将贴图指定到贴图通道，实现材质的透明度、反射、折射及自发光等材质基本特性。

利用贴图不但可以为物体的表面添加纹理效果，提高材质的真实性，还可以用于制作背景图案和灯光的投影。3ds Max 2025 软件提供了大量的贴图类型，下面介绍常用的贴图和贴图通道。

7.3.1 位 图

位图贴图是最常用的贴图类型。在 3ds Max 2025 软件中，支持的图像格式包括 JPG、TIF、PNG、BMP 等。还可以将 AVI、MOV 等格式的动画画面作为物体的表面贴图。

1. 贴图参数

在材质界面中，单击"漫反射"后面的贴图按钮，添加位图后，进行参数设置，位图参数包括坐标和基本参数，如图 7-9 所示。

- 偏移：用于设置沿着 U 向（水平方向）或 V 向（垂直方向）移动图像的位置。
- 瓷砖：也被称为平铺，用于设置当前贴图在物体表面的平铺效果。当为奇数时，

第 7 章　材质编辑

图7-9　位图参数

图7-10　选择贴图

平铺后的贴图在物体表面可以完整显示。

- 角度：设置图像沿着不同轴向旋转的角度。通常更改 W 方向。调整贴图在物体表面的显示角度。

- 模糊：用于设置贴图与视图之间的距离，来模糊贴图。

- 模糊偏移：为当前贴图增加模糊效果，与距离视图的远近没有关系，当需要柔和的焦散效果时，需要选中该选项。

- 位图：单击位图后面的按钮，可以在弹出的界面中重新加载或选择另外的贴图。默认时，显示当前贴图所在路径和文件名。

- 查看图像：用于选取当前贴图的部分图像，作为最终的贴图区域。使用时，单击"查看图像"按钮，在弹出的界面中可以根据需要，选择图区域，关闭后，再次选中"应用"选项即可。

2. 实战应用：木地板贴图

步骤1 选择地面模型，按【M】键，选择空白样本球，单击工具行中的按钮，单击"漫反射"后面的贴图按钮，在弹出的界面中双击"位图"，从弹出的界面中选择需要添加的贴图，如图 7-10 所示。单击工具行中的按钮，实现在视口中显示贴图效果。

步骤2 设置贴图的"平铺"效果。尽量设置为奇数，贴图在物体表面可以完整显示。单击工具行右侧的按钮，返回上一层级。展开"贴图"卷展栏，单击反射后面的 None 按钮，在弹出的界面中双击"衰减"按钮，再次单击工具行右侧的按钮，返回上一层级。设置反射贴图的强度数量，在贴图卷展栏中，单击"漫反射"后面的按钮并拖动到"凹凸"后面的按钮上，选择"实例"复制，设置凹凸的强度数量为 40，如图 7-11 所示。

图7-11　凹凸贴图

步骤3 参数设置完成后，执行渲染，建议使用 VRay 渲染器进行渲染，得到木地板效果，如图 7-12 所示。

109

图7-12　木地板效果

7.3.2　棋盘格贴图

棋盘格贴图用于实现两种颜色交互的方格图案，通常用于制作地板、棋盘等效果。在棋盘格中，不适合用贴图替换方格的颜色。

在材质界面中单击漫反射后面的贴图按钮，在弹出的界面中双击"棋盘格"贴图，如图7-13所示。

- 柔化：用于设置方格之间的模糊程度。值越大，方格之间的颜色模糊越明显。
- 交换：单击该按钮后，颜色#1与颜色#2可以进行交换。
- 贴图：选择要在方格颜色区域内使用的贴图。

图7-13　棋盘格贴图

7.3.3　其他贴图

1. 大理石贴图

大理石贴图可以生成带有随机颜色纹理的大理石效果。方便生成随机的"布艺"纹理。还可以添加到"凹凸"贴图通道中，实现水纹玻璃效果，如图7-14所示。

图7-14　大理石参数

- 大小：用于设置大理石纹理之间的间距。
- 纹理宽度：用于设置大理石纹理之间的宽度，数值越小，宽度越大，如图7-15所示。

2. 衰减贴图

衰减贴图可以产生从有到无的衰减过程，通常应用于反射、不透明贴图通道，如不锈钢材质反射的衰减效果，如图7-16所示。

图7-15 纹理宽度不同

- 衰减类型：用于设置衰减的类型方式，从下拉列表中可以选择，总共提供 5 种衰减类型。

- 垂直 / 平行：在与衰减方向相垂直的法线和与衰减方向平行的法线之间，设置角度衰减范围。衰减范围为基于平面法线方向改变 90 度。

- 朝向 / 背离：在面向衰减方向的法线和背离衰减方向的法线之间，设置角度衰减范围。

- Fresnel（菲涅耳）：基于折射率的调整。在面向视图的曲面上产生暗淡反射，在有角的面上产生较明亮的反射，产生类似于玻璃面上一样的高光。

- 阴影 / 灯光：基于落在对象上的灯光在两个子纹理之间进行调节。

- 距离混合：基于近距离值和远距离值，在两个子纹理之间进行调节。

图7-16 衰减参数

7.4 实战案例——地面砖平铺、随机马赛克、异型空间

通过前面基础材质的学习，对于基本的理论术语和材质的用法都已经掌握，接下来通过几个综合案例来介绍在实际工作时，材质的具体操作方法和使用技巧。

7.4.1 地面砖平铺

在实际制作地面砖平铺效果时，通过"UVW 贴图"的方式，可以实现精确的平铺效果。方便在实际铺设室内空间时，进行预算所用的地砖数量。

1. 建模赋材质

在 3ds Max 2025 软件中新建长方体，长、宽、高尺寸依次为 4 500 mm、4 100 mm、10 mm。按【M】键，在弹出的界面中选择空白样本球，单击工具行中的按钮。单击漫反射后面的贴图按钮，在弹出的界面中双击位图，选择地面砖贴图。单击工具行中的按钮，如图 7-17 所示。

图7-17 显示贴图

2. 设置 UVW

在命令面板"修改"选项中添加"UVW贴图"命令，设置长度和宽度为单块地砖 800 mm × 800 mm，如图 7-18 所示。

将 UVW 贴图前的 ▶ 展开，选择"Gizmo"，按【Alt+A】组合键，将变换轴心与模型进行对齐。设置参数，对齐完成后，显示实际平铺效果。可以查看实际的平铺数量。在实际显示数量的基础上上浮 15% 即可，如图 7-19 所示。

图7-18　UVW平铺

图7-19　实际效果

7.4.2　随机马赛克

马赛克贴图是已知最古老的装饰艺术之一，它是使用小瓷砖或小陶片制作出的图案。马赛克更多的是属于瓷砖的一种，它是一种特殊存在方式的砖，一般由数十块小块的砖组成一个相对大块的砖。它以小巧玲珑、色彩斑斓的特点被广泛使用于室内小面积地面、墙面和室外大小幅墙面和地面中。马赛克由于体积较小，可以制作一些拼图，产生渐变效果，随着科技材料的不断发展，近几年出现的玻璃马赛克材质，在室内设计中比较流行。在此，给广大读者分享通过插件的方式生成随机的马赛克效果，如图 7-20 所示。

图7-20　随机马赛克

1. 模型分析

对于马赛克效果来讲，按常规思路是由多个颜色相近的"多边形"组成，相近的两个物体之间的颜色相近，然后整体上进行过渡。如果颜色渐变过渡较少，可以单个手动调节，对于大量的颜色渐变过渡，手动调节的方法肯定是不现实的。在此可以使用"随机马赛克"插件来进行调整。毕竟 3ds Max 软件发展这么多年，与其匹配的各种小插件层出不穷。

2. 制作步骤

步骤1 在前视图中创建平面物体并设置参数，如图 7-21 所示。

图7-22 多维子/对象材质

图7-21 创建平面

按【M】键，打开材质编辑器对话框，选择样本球，单击 按钮，赋给已选择的物体，将材质类型更改为"多维/子对象"材质，设置至少4个子材质，如图 7-22 所示。

步骤2 选择平面物体，右击，转换为"可编辑多边形"操作，按数字【2】键，选择竖向一条边，将马赛克插件单击并拖拉到当前软件界面，设置参数，单击"确认马赛克"按钮，生成马赛克效果，如图 7-23 所示。

图7-23 生成马赛克

对于生成的马赛克效果，可以再次调整参数，如最少面数、最多面数，随机 ID 范围等，调整完成后，再次单击"确认马赛克"按钮，即可实现随机马赛克效果。

7.4.3 异型空间

通过材质调节实现空间模型的变化，听起来是不是挺有意思？是的，没错。通过"不透明"贴图可以实现模型效果。

重庆 SND 时尚店，是 3Gatti 作品，设计师最初对这个店铺进行构思时，只有一个简单却又引人入胜的想法，就是让所有的设计元素都"从天而降"，让顾客拥有足够自由的购物空间而不受地面所摆放的家具或销售单品的阻碍。在此给大家分享"从天而降"的制作方法，如图 7-24 所示。

1. 模型分析

模型空间的核心要素是顶部高度不同且随机的挂片，如果模型中间无分隔，建模的方式相对容易实现，对于模型中间的"断开"部分，如果手动进行调整，将是一个非常大的工作量，并且断开的尺寸不好控制，因此，可以考虑使用"不透明"贴图的方式进行。

2. 制作步骤

步骤1 在顶视图中创建平面物体，设置参数，如图 7-25 所示。

图7-25　创建平面

在透视图中右击，转换为"可编辑多边形"操作，按数字【1】键，开启"软选择"并设置参数，如图 7-26 所示。

在透视图中依次移动多个点区域，生成高度不同的"软顶"造型，如图 7-27 所示。

关闭软选择，按数字【2】键，在顶视图中通过"环形"和"循环"方式，选择水平边线，右击，在弹出的屏幕菜单中选择"创建图形"命令，如图 7-28 所示。

步骤2 按数字【2】键，退出可编辑多边形操作，选择创建图形生成的二维图形，如图 7-29 所示。

图7-24　从天而降

图7-26　软选择

图7-27　调整变形

图7-28 创建图形

图7-30 平面化

图7-29 二维图形

图7-31 壳

在命令面板"修改"选项中添加"挤出"命令,数量为40,再次右击,转换为"可编辑多边形"操作,按数字【1】键,框选模型上半部分点,单击"平面化"选项中"Z"轴,如图7-30所示。

按数字【1】键,退出子编辑,在命令面板"修改"选项中添加"壳"命令,设置参数,如图7-31所示。

步骤3 按【M】键,在打开的材质编辑器界面中选择任意样本球,单击主工具栏的 按钮,单击"不透明度"参数后面按钮,添加黑白条纹图像,如图7-32所示。

图7-32 不透明度贴图

分别单击贴图和材质参数中的"显示贴图"按钮，选择物体，在命令面板"修改"选项中添加"UVW 贴图"命令，设置贴图方式为"长方体"设置参数，如图 7-33 所示。

在场景中添加灯光，设置渲染参数，进行场景渲染即可实现"从天而降"的空间效果。

图7-33 结果

第8章 灯光调节

本章知识点：
1. 灯光类型
2. 灯光添加与参数
3. 灯光实例

　　通过前面建模和材质的学习，在进行正式渲染或动画输出时，还是实现不了好看的效果，最主要的原因就是没有灯光的参与。在3ds Max软件中，灯光是表现场景基调和烘托气氛的重要组成部分。良好的灯光效果，可以使场景更加生动、更具有层次表现力，有人身临其境的感觉。作为3ds Max中的一个特殊对象，灯光模拟的不是光源本身，而是光源的照射效果。

8.1 灯光类型

在 3ds Max 软件中，系统默认有两盏灯，渲染时不产生投影和高光效果。当手动添加灯光时，系统灯光自动关闭。

3ds Max 提供的灯光主要分为标准、光度学和 Arnold（阿诺德）三类灯光。标准灯光模拟各种灯光设备，有聚光灯、平行光、泛光灯和天光等。光度学灯光是通过光学数值精确定义的灯光，Arnold（阿诺德）灯光是一种在 Arnold（阿诺德）渲染器专用的灯光类型。

8.1.1 标准灯光

标准灯光共有 4 种类型。分别为聚光灯、平行光、泛光灯和天光。因为不同灯光类型的发光方式不同，所以产生的光照效果也有很大差别，如图 8-1 所示。

图8-1 标准灯光

1. 聚光灯

聚光灯是一种具有方向和目标的点光源，分为目标聚光灯和自由聚光灯。类似于路灯、车灯等。通常用于制作场景中的主要光源，如图 8-2 所示。

图8-2 聚光灯

2. 泛光

泛光是一种向四周扩散的点光源。类似于裸露的灯泡所放出的光线。通常用于制作辅助光来照明场景，如图 8-3 所示。

图8-3 泛光灯

3. 平行光

平行光是一种具有方向和目标但不扩散的点光源。平行光分为目标平行光和自由平行光两种。通常用于模拟阳光的照射效果。

平行光的原理就像太阳光，会从相同的角度照射范围以内的所有物体，而不受物体位置的影响。当需要显示阴影时，投影的方向都是相同的，而且都是该物体形状的正交投影，如图 8-4 所示。

图8-4 平行光

4. 天光

天光也是一种用于模拟日光照射效果的灯光，它可以从四面八方同时对物体投射光线。场景中任一点的光照是通过投射随机光线，并检查它们是否落在另一个物体上或天穹上来进行计算的，平时应用较少，在此不作示例。

8.1.2 光度学灯光

光度学灯光与标准灯光类似，但计算方式更加灵活精确。光度学灯光还有一个明显的优点，那就是可以使用现实中的计量单位设置灯光的强度、颜色和分布方式等属性。

1. 目标灯光

目标灯光和自由灯光的区域与灯光的控制点不同，目标灯光由光源和目标两部分构成，自由灯光只要光源部分，通过"旋转"和"移动"来控制灯光的位置和方向，如图 8-5 所示。

2. 太阳定位器

用于模拟现实生活中阳光的照射效果，系统遵循太阳在地球上某一给定位置的符合地理学的角度和运动。既可以选择位置、日期、时间和指南针方向，也可以设置日期和时间的动画，如图 8-6 所示。

图8-5　目标灯光

图8-6　太阳定位器

8.2　灯光添加与参数

在了解了灯光的基本特点以后，掌握灯光的参数，就可以正常进行灯光的添加和调节操作。

8.2.1　灯光添加

在命令面板"新建"选项中单击 按钮，切换到灯光类别，从下拉列表中选择"标准"，单击相应的灯光按钮，在视图中单击并拖动鼠标完成灯光对象的创建。

在不同的视图中，通过移动或旋转操作灯光所在的位置。更改参数，调节灯光效果。

> **技巧说明**
>
> 在3ds Max界面中，添加后的灯光对象，需要通过三个单视图调节所在位置和照射的方向，因此，需要广大读者有一定的三维空间意识，方便控制灯光的照射方向和效果。

8.2.2 灯光参数

在标准灯光中除了天光对象以外，其他三种标准灯光的参数选项基本相同或类似。其中泛光灯的参数最简单，聚光灯与平行光的参数类似。

1. 常规参数

灯光的常规参数，如图8-7所示。

图8-7　常规参数

- **启用**：用于打开或关闭灯光。若去掉该选项，即使场景中有灯光，那么该灯光在渲染时也不产生灯光效果。从后面的下拉列表中可以更改当前灯光的类型。

阴影选项组：

- **启用**：用于设置是否开启当前灯光的投影效果。
- **使用全局设置**：选中该选项后，当前灯光的参数设置会影响场景中所有使用了全局参数设置的灯光。
- **下拉列表**：从下拉列表中选择当前灯光的阴影类型，不同的阴影类型，产生的阴影效果不同。
- **排除**：单击该按钮后，弹出"排除/包含"对话框，用于设置将某物体排除当前灯光的影响，如图8-8所示。

图8-8　排除/包含

2. 强度/颜色/衰减

- **倍增**：用于设置当前灯光的照明强度。以1为基准，大于1时光线增强，小于1时光线变弱，小于0时，具有吸收光线的特点。后面的颜色按钮用于设置灯光的颜色，在对灯光进行颜色设置时，通常为暖色系或冷色系。不能为默认的白色。
- **近距衰减**：用于设置当前灯光从产生到最亮的区域，通常不需要设置。
- **远距衰减**：用于设置当前灯光的远距离衰减，表示当前灯光从开始衰减到完全结束的区域，在当前灯光远距离衰减区域以外的物体对象，将不受当前灯光的影响。
- **使用**：选中该选项时，对当前灯光衰减的设置有效。
- **显示**：选中该选项时，在视图中显示当前灯光开始衰减的范围线框。
- **开始**：远距离衰减时，通常将该选项设置为0。

- 结束：用于设置远距离衰减的结束区域。在结束区域以外，当前灯光的效果不可见。

3. 阴影类型

当选中启用阴影后，可以从下拉列表中选择当前灯光的阴影类型，如图8-9所示。

图8-9　阴影类型

- 阴影贴图：是 3ds Max 软件默认的阴影类型。投影类型的优点是渲染时用的时间短，是最快的阴影方式，而且阴影的边缘比较柔和，阴影贴图的缺点是阴影不够精确，不支持透明贴图，如果需要得到比较清晰的阴影，需要占用大量内存，如图8-10所示。

图8-10　阴影贴图

- 光线跟踪阴影：是通过跟踪从光源采样出来的光线路径来产生阴影。光线跟踪阴影方式所产生的阴影在计算方式上更加精确，并且支持透明和半透明物体，光线跟踪阴影的缺点是渲染速度较慢，而且产生的阴影边缘十分生硬，常用于模拟日光和强光的投影效果，如图8-11所示。

- 区域阴影：现实中的阴影随着距离的增加，边缘会越来越模糊。利用区域投影就可以得到这种效果。区域阴影在实际使用时，比高级光线跟踪阴影更加灵活。区域阴影唯一的缺点是渲染时，速度相对较慢，如图8-12所示。

- 高级光线跟踪阴影：是光线跟踪阴影的增强。在拥有光线跟踪阴影所有特性的同时，还提供了更多的阴影参数控制。高级光线跟踪阴影既可以像阴影贴图那样得到边缘柔和的投影效果，还具有光线跟踪阴影的准确性。

图8-11　光线跟踪阴影

图8-12　区域阴影

高级光线跟踪阴影占用的内存比光线跟踪阴影少，但是渲染速度要慢一些。主要用于场景中与光度学灯光配合使用。得到与区域阴影大致相同效果的同时，还具有更快的渲染速度，如图8-13所示。

图8-13　高级光线跟踪阴影

8.2.3 光度学灯光

在 3ds Max 软件中，因为光度学灯光添加使用比较简单，渲染时还能得到好看的灯光效果。所以，光度学灯光受到不少设计师的青睐。

1. 添加

在命令面板"新建"选项中单击按钮，切换到灯光类别，从下拉列表中选择"光度学"，单击"目标灯光"按钮，在视图中单击并拖动，通过三个单视图，调节灯光位置和方向，如图 8-14 所示。

图8-14 光度学

2. 参数

在场景中添加光度学灯光后，需要设置其参数，如图 8-15 所示。

图8-15 光度学参数

- **模板**：用于设置光度学灯光所使用的模板。从下拉列表中可以选择 40 W 灯光、60 W 灯光、100 W 灯光和其他常见灯光类型。选择类别后，光度学灯光自动设置灯光的颜色和强度。

- **常规参数**：与前面标准灯光参数类似，在此不再赘述。

- **灯光分布（类型）**：用于设置当前光度学灯光的类型，包括统一球形、聚光灯、光度学 Web 和统一漫反射。

- **颜色**：光度学灯光的颜色与标准灯光的颜色类似，请参考标准灯光的颜色设置。

- **强度**：用于设置当前灯光的强度。可以使用 lm（流明）、cd（烛光度）和 lx（勒克斯）三种不同的单位计算。通常使用 cd（烛光度）单位来衡量当前灯光的强度。当选择 100.0 % 时，通过后面百分比的数据，来控制当前光度学灯光的强弱。

3. 光域网添加

在空间场景中，通过添加光域网文件，可以实现漂亮的灯光效果。

步骤1 在命令面板"新建"选项中单击按钮，切换到灯光类别，从下拉列表中选择"光度学"，单击选择"目标灯光"，在视图中单击并拖动鼠标，完成目标点光源的添加，通过三个单视图调节当前灯光的位置和入射角度。

步骤2 选择灯光，切换到"修改"选项，从"灯光分布"下拉列表中选择"光度学 Web"，此时弹出"Web 参数"，如图 8-16 所示。

图8-16 光度学Web页面

步骤3 单击 <选择光度学文件> 按钮，从弹出的界面中选择 *.ies 格式的文件，从缩略图中可以看出该灯的发光效果，如图 8-17 所示。

图8-17 选择ies文件

步骤4 单击"打开"按钮，完成光域网文件的载入，在灯光强度选项中设置当前灯光的强度。通常以cd（烛光度）为计量单位，按【Shift+Q】组合键，进行渲染测试，如图 8-18 所示。

图8-18 光域网效果

8.3 案例实战——阳光入射效果、透明材质、室内场景布光

通过前面灯光基础知识的介绍和学习，广大读者已经对灯光的用法有了一个初步的认识和了解，接下来通过两个综合的案例，学习它们在实际工作中的用法。

8.3.1 阳光入射效果

通过给场景添加目标平行光来模拟阳光的入射效果。更改阴影类型，让灯光自动适应窗口位置和入射角度，实现阳光的入射效果。

1. 创建场景

创建长方体，长度、宽度和高度依次为 4 300 mm、3 900 mm 和 2 900 mm。右击，在弹出的屏幕菜单中选择"转换为/转换为可编辑多边形"命令，按数字【5】键，单击选中长方体，右击，选择"翻转法线"命令，设置"背面消隐"选项。得到室内单面空间，如图 8-19 所示。

在编辑多边形中，按数字【2】键，切换到边的方式，选中"忽略背面"选项，通过"连接"和"挤出"的操作，生成窗口。导入窗户模型，如图 8-20 所示。

2. 添加灯光

步骤1 在前视图中，在命令面板"新建"选项中单击按钮，在标准灯光列表中单击"目标平行光"按钮，在前视图中单击并拖动鼠标，创建目标平行光。用于模拟阳光入射效果，如图 8-21 所示。

图8-19 场景空间

图8-20 窗口

图8-21 平行光位置和角度

步骤2 选择目标平行光,选中"启用阴影",类型为"阴影贴图",在阴影贴图参数中,选中"双面阴影",设置光束和区域的大小,以及形状为"矩形"。在前视图中,区域的大小需要超过窗口的高度,室内添加泛光灯作为辅助光源,渲染测试,如图8-22所示。

图8-22 结果

8.3.2 透明材质

结合前面学习的材质知识和灯光知识,实现透明材质效果。

1. 创建场景

在场景中创建构基本的物体造型,如图8-23所示。

图8-23 简单场景

2. 赋材质

选择茶壶模型,给其赋白色陶瓷茶壶材质。选择垂直的长方体,给其赋透明玻璃材质,如图8-24所示。

图8-24 两种材质参数

3. 添加灯光

在命令面板"新建"选项中单击 按钮,切换到灯光类别,单击"目标聚光灯"按钮,在视图中单击并拖动鼠标,添加灯光,选中启用阴影选项,类型为"光线跟踪",如图8-25所示。

添加泛光灯作为辅助光源,设置倍增强度为0.4。按【Shift+Q】组合键,渲染出图,如图8-26所示。

图8-25　设置参数

图8-26　渲染结果

8.3.3 室内场景布光

通过室内场景布光的练习，掌握常见家装空间场景的布光方法，如图 8-27 所示。

图8-27　室内效果

将其孤立显示，在前视图中选择光度学灯光，在场景中单击并拖动鼠标创建光度学灯光，将光度学灯光分布方式设置为"光度学 Web"，添加光域网文件并设置其参数，参考其他几个单视图，将灯光移动到合适位置，如图 8-28 所示。

图8-28　添加顶灯

1. 场景分析

在当前场景中，光源按类型来分有四类。顶部射灯为一类，客厅顶部灯槽为一类，餐厅顶部灯为一类，餐厅顶部和侧面灯带为一类。同一类别的灯光对象，在复制时，方式为"实例"。在调节灯光参数时，更改任意一个，所有实例复制的灯光参数将统一更改。

效果图最终是通过 VRay 渲染完成，在此仅介绍灯光的布置方法。

2. 基本步骤

步骤1　按【Ctrl+O】组合键，打开3ds Max文件。在顶视图中选择灯头物体，按【Alt+Q】组合键，

步骤2　在不同的视图中，调整灯光的位置，更改灯光强度和颜色，根据筒灯的位置，执行"实例"的方式对灯光执行复制操作，完成射灯布光，如图 8-29 所示。

图8-29　创建选择集

步骤3　在场景中添加"VR球形灯"，将其调整到场景右侧沙发的台灯位置处，使用"实例"的复制方式，生成另外一个台灯，设置其参数，如图 8-30 所示。

图8-30　台灯参数

步骤4　在场景中添加"VR球形灯"，调整位置和参数，如图 8-31 所示。

图8-31　餐厅吊灯

步骤5　在场景中添加"VR平面"生成顶部灯槽灯光，调整灯光位置、尺寸和方向，设置其参数，如图 8-32 所示。

图8-32　灯槽

步骤6　在场景中，添加辅助光源，分别在客厅顶部和餐厅顶部添加"VR平面"，调整位置和灯光参数，如图 8-33 所示。

图8-33　辅助灯光

步骤7　主要灯光布置完成后，需要进行渲染测试。将贴图关闭，设置渲染参数后，按【Shift+Q】组合键，进行渲染测试，查看布光完成后素模效果，如图 8-34 所示。

图8-34　素模效果

第9章 摄影机

本章知识点：
① 摄影机添加
② 摄影机应用技巧

在使用3ds Max软件制作效果图时，无论是静态图像的渲染还是影视动画的合成，场景中的内容都需要通过摄影机来体现。通过摄影机不仅可以更改观察的视点，更能体现场景空间的广阔和透视。另外，在3ds Max软件中，摄影机还可以非常真实地模拟出景深和运动模糊的效果。

9.1 摄影机添加

在 3ds Max 软件中，摄影机分为目标摄影机、自由摄影机和物理摄影机。前两者的区别类似于目标聚光灯和自由聚光灯的关系。只是摄影机的控制点个数不同。目标摄影机通常用于进行静止场景的渲染展示，自由摄影机通常可以跟随路径运动，方便进行穿梭动画的制作。物理摄影机可以模拟真实相机的结构原理，在使用时，需要调整镜头、光圈、快门和景深等参数。

9.1.1 添加摄影机

在场景中，通过摄影机可以更改观察的角度和位置，增强场景空间的透视感。

1. 基本操作

在命令面板"新建"选项中，单击■按钮，切换到摄影机选项，单击"目标"按钮，在顶视图中单击并拖动鼠标，创建目标摄影机对象，按【W】键，切换到"选择并移动"工具，在前视图或左视图中，调节摄影机和摄影机目标的位置，在任意图中，按【C】键，切换到摄影机视图，如图 9-1 所示。

图9-1　摄影机视图

2. 摄影机调节

在场景中添加完摄影机后，需要对其进行调节，以达到我们所需要的效果。通常使用目标摄影机进行调整，如图 9-2 所示。

图9-2　目标摄影机

摄影机的高度（距离地面）建议为 1 200 mm~1 600 mm 为宜，通常为正常人站立时视线的高度，根据仰视或俯视进行调整。

9.1.2 参数说明

在场景中添加摄影机后，在命令面板"修改"选项中更改摄影机的参数，可以达到满意的摄影机显示效果。

1. 基本参数

（1）参数

在场景中添加摄影机后，切换到"修改"选项，调整其参数，如图 9-3 所示。

- 镜头：用于设置当前摄影机的焦距范围。通常为 50 mm 左右，数值越大，摄影机的广角越小，生成的摄影机视图内容越少。反之，数值越小，生成的摄影机视图内容越多，可以实现摄影机广角效果。

- 视野：用于设置当前摄影机的视野角度，通常与镜头焦距结合使用，更改镜头参数时，视野也会自动匹配。

图9-3 摄影机参数

- **正交投影**：选中该选项后，摄影机会以正面投影的角度面对物体进行拍摄。

- **备用镜头**：摄影机系统提供了9种常用镜头，需要该焦距数值时，只需要单击备用镜头的数值按钮即可更改焦距，方便快速选择准确的焦距数值。

- **类型**：可以从下拉列表中更改当前摄影机的类型。可以在目标摄影机和自由摄影机两种类型切换。

- **显示圆锥体**：选中该选项后，即使取消了摄影机的选定，在场景中也能够显示摄影机视野的锥形区域。

- **显示地平线**：选中该参数后，在摄影机视图显示一条黑色的线来表示地平线，只在摄影机视图中显示。在制作室外场景中可以借助地平线定位摄影机的观察角度。

（2）环境范围

- **显示**：如果场景中添加了大气环境，那么选中该参数后，可以在视图中用线框来显示最近的距离和最远的距离。

- **近距范围**：用于控制大气环境的起始位置。

- **远距范围**：用于控制大气环境的终止位置，大气环境将在起始和终止位置之间产生作用。

（3）剪切平面

- **手动剪切**：选中该参数后，在摄影机图标上会显示出红色的剪切平面。通过调节近距剪切和远距剪切，控制摄影机视图的观察范围，手动剪切的独特之处在于可以透过一些遮挡的物体看到场景内部的情况，方便实现摄影机在空间外部的效果展示。

- **近距剪切**：用于设置摄影机剪切平面的起始位置。

- **远距剪切**：用于设置摄影机剪切平面的结束位置。

（4）多过程效果

用于对场景中的某一帧进行多次渲染，可以准确渲染出景深和运动模糊的效果。

（5）景深参数

景深参数卷展栏主要用于设置当前摄像面的景深效果。

- **过程总数**：用于设置当前场景渲染的总次数。数值越大，渲染次数越多，渲染时间越长，最后得到的图像质量越高，默认值为12。

- **采样半径**：用于设置每个过程偏移的半径，增加数值可以增强整体的模糊效果。

- **采样偏移**：用于设置模糊与采样半径的距离，增加数值会得到规律的模糊效果。

2. 视图控制工具

当场景中添加摄影机后，在任意视图中按【C】键，即可将当前视图转换为摄影机视图，此时位于界面右下角的视图控制区工具会转换为摄影机视图控制工具，如图9-4所示。

图9-4 视图控制工具

- **推拉摄影机**：沿着摄影机的主轴移动摄影机图标，使摄影机移向或远离它所指的方向。对于目标摄影机，如果摄影机图标超过目标点的位置，那么摄影机将翻转180度。

- **透视**:透视工具是视野和推拉工具的结合,它可以在推拉摄影机的同时改变摄影机的透视效果,使透视张角发生变化。
- **旋转摄影机**:用于调节摄影机绕着它的视线旋转。
- **所有视图最佳显示**:单击该按钮后,所有的视图将最佳显示。
- **视野**:用于拉近或推远摄影机视图,摄影机的位置不发生改变。
- **平移**:用于平移摄影机和摄影机目标的位置。
- **环游**:摄影机的目标点位置保持不变,使摄影机围绕着目标点进行旋转。
- **最大/还原按钮**:单击该按钮,当前视图可以在最大显示和还原之间切换。

9.1.3 摄影机安全框

在调整摄影机视图时,可以打开安全框作为调整摄影机视角的参考。在制作效果图或动画时,所使用的显示器宽高比例不同,场景中添加摄影机安全框以后,也方便查看当前摄影机视图与最终输出画面比例之间的关系,免得出现场景中的部分模型在实际输出时没有显示的问题。

在摄影机视图标签上右击,选择"显示安全框"或者使用【Shift+F】组合键。打开安全框选项后,在摄影机视图中会增加1个黄色高亮边框,如图9-5所示。

黄色边框:黄色边框以内为摄影机可以进行渲染的范围,而黄色边框的大小主要取决于在正式渲染时所设置的渲染尺寸和图像纵横比。

图9-5 摄影机安全框

9.2 摄影机应用技巧

在了解了摄影机的基本参数和特点之后,通过下面的摄影机应用案例,让广大读者掌握摄影机的使用技巧。

9.2.1 景　深

3ds Max的摄影机不但可以进行静止场景的渲染,还可以模拟出景深的摄影效果。当镜头的焦点调整在聚焦物体上时,只有唯一的点会在焦点上形成清晰的影像,而其他部分会成为模糊的影像,方便实现主体清晰背景模糊的景深效果。

1. 创建场景

在场景中创建多个球体对象,并调节其位置关系,如图9-6所示。

2. 添加目标摄影机

在命令面板摄影机选项中单击"目标"按钮,在顶视图中单击并拖动创建摄影机,调节摄影机的目标和摄影机的角度,激活透视图,按【C】键,切换为摄影机视图,按【Shift+Q】组合键进行渲染,场景中的全部对象都是清晰的,如图9-7所示。

第9章 摄影机

图9-6 创建物体

图9-7 渲染场景

图9-8 景深参数

图9-9 景深

3. 设置景深

选择摄影机，切换到"修改"选项，在"多过程效果"参数中选中"启用"复选框，设置景深参数，如图9-8所示。

参数调整以后，按【Shift+Q】组合键进行渲染测试，如果觉得景深效果不够明显，可以设置"采样半径"的数值，如图9-9所示。

> **技巧说明**
>
> 在制作景深效果时，摄影机的目标点需要指定到具体的物体上，也就是在场景渲染时，需要清晰表现在物体上，实现景深的主体对象和背景需要保留一定的空间距离。

9.2.2 室内摄影机

在室内效果图添加摄影机时，通常采用摄影机在室内或摄影机在室外的两种添加方法。当摄影机在场景外面时，需要开启"手动剪切"参数，根据实际情况设置近距剪切和远距剪切的参数。当摄影机在场景内部时需要设置相机校正参数，才可以将当前场景的效果保持更好的透视角度。

1. 摄影机在室外

步骤1 在命令面板"新建"选项中选择目标摄影机，在顶视图中单击并拖动鼠标，完成摄影机添加，在左视图调节摄影机的角度和位置，如图9-10所示。

步骤2 选择摄影机，在命令面板"修改"选项中设置"手动剪切"的参数，如图9-11所示。

步骤3 在透视图中按【C】键，切换当前视图为摄影机视图，通过软件界面右下角的摄影机视图工具，对当前摄影机视图进行微调，得到满意的摄影机观察视图。按【Shift+C】组合键，隐藏摄影机对象，生成摄影机视图，如图9-12所示。

影机，在顶视图中单击并拖动鼠标，完成摄影机添加，在前视图或左视图中调节摄影机的角度和位置，如图9-13所示。

图9-10　摄影机在场景内部

图9-13　添加摄影机

步骤2 选择摄影机，在命令面板"修改"选项中更改焦距数值，同时观察透视图中的场景显示效果，如图9-14所示。

图9-11　设置手动剪切

图9-14　更改镜头焦距

步骤3 在摄影机视图中选择摄影机的同时，右击，选择"应用摄影机校正修改器"命令，对摄影机视图的扭曲进行校正，如图9-15所示。

图9-12　摄影机视图

2. 摄影机在室内

步骤1 在命令面板"新建"选项中选择目标摄

图9-15　应用摄影机校正修改器

第10章 动画基础

本章知识点：
1. 动画入门
2. 关键帧动画
3. 时间配置
4. 曲线编辑器

　　3ds Max 软件另外一个重要的功能就是动画制作，在日常熟悉的各种电影大片中，到处都能看到3ds Max软件制作成动画的影子。最初的动画是由单个的画面，在短时间内连续播放，形成某个位置的变化，就形成了动画，本章将引领广大读者进入动画新领域。

10.1 动画入门

传统上所介绍的动画，其概念不同于一般意义上的动画，它是一种集合了绘画、漫画、电影、数字媒体、摄影、音乐、文学等众多艺术门类于一体的艺术表现形式。

本章要讲的动画，是指通过 3ds Max 软件，让我们创建的虚拟物体或者数字角色动起来的技术，以前我们想让角色动起来，传统的方法就是手绘一张张动态并连续的画面，那是一件工序烦琐并且费神、费力的工作，随着数字技术的快速发展，软件让我们在制作动画的工艺和技巧上有了质的飞跃。所以，想成为一名优秀的动画师，就必须要掌握这门动画技术。

10.1.1 动画控制面板

通过前面基础知识的学习和了解，对 3ds Max 软件的基本操作已经掌握，在进行正式动画制作时，需要了解让静止画面动起来的基础知识。

1. 时间轴

时间轴默认时位于界面的下方，如图 10-1 所示。

图10-1 时间轴

时间轴默认为 100 帧，通过"动画控制区"的按钮，可以设置时间轴和帧速率。

动画的基础就是必须有时间，如果没有时间的变化，那么世界就是静止的，现实世界中的时间是不可以控制的，但是在三维软件里，可以自由地查看时间和编辑时间。

2. 动画控制区

动画控制区的主要作用用于控制动画的播放、暂停和切换帧等相关的操作，其位于软件界面的右下方，如图 10-2 所示。

图10-2 动画控制区

10.1.2 关键帧面板和帧速率面板

1. 关键帧面板

关键帧的控制区域位于动画控制区的左侧，包括自动关键帧和手动关键帧，如图 10-3 所示。

图10-3 关键帧

关键帧分为自动关键帧和手动关键帧两个类别，在自动关键帧方式下，每移动一次时间轴时会自动记录当前的状态，后续自动生成关键帧，在手动关键帧的方式下，在记录动画时，需要单击关键帧区域的"钥匙"按钮。

2. 帧速率面板

帧速率通俗来讲就是控制每秒钟播放多少个画面。在 3ds Max 软件中，帧速率分为四种方式，单击动画控制区的按钮，弹出"时间配置"对话框，如图 10-4 所示。

图10-4 "时间配置"对话框

10.2 关键帧动画

关键帧通常是指关键帧动画。所谓关键帧动画，就是给需要动画效果的属性准备一组与时间相关的值，这些值都是在动画序列中比较关键的帧中提取出来的，而其他时间帧中的值可以用这些关键值通过特定的插值方法计算得到，从而达到比较流畅的动画效果。

那么，要在软件中实现关键帧动画，通常需要满足以下几个条件：

- 关键帧的开关必须要开启记录，操作完成后要关闭关键帧。
- 时间轴上要有位置的变化，在不同的时间段里对当前场景中的操作要有所不同，若有关键帧但不操作时，场景中的模型会原地不动。
- 设置合适的帧速率来控制动画的总体时间，动画时间通常以秒为最小单位进行合计。
- 在不同的时间帧上，必须让物体或角色出现不同的变化，或者说是通过不同的属性值来改变物体或角色的形态。

1. 手动关键帧

通过位置的更改来介绍手动关键帧的用法和特点。在场景中打开需要设置关键帧的模型，如图10-5所示。

图10-5　打开模型

步骤1 单击关键帧控制区的 设置关键点 按钮，此时当前视图的边缘出现红色线框，如图10-6所示。

图10-6　单击设置关键点

步骤2 选择一个棋子，单击关键帧控制区的 + 按钮，然后将底部的时间轴移动到约20帧的位置处，对当前场景中选择的棋子进行位置更改，如图10-7所示。

图10-7　更改棋子质量

步骤3 此时，单击关键帧控制区的 + 按钮，在时间轴20帧的位置和0帧的位置，各多了一个关键帧的标记。按同样的方法，再次拖动时间轴，更改物体的位置，单击 + 按钮，完成手动关键帧的记录，如图10-8所示。

步骤4 关键帧记录完成后，单击底部的 设置关键点 按钮，退出关键帧记录操作，单击"动画控制区"的 ▶ 按钮，查看具体的动画运动效果。

2. 自动关键帧

自动关键帧比手动关键帧要方便快捷一些，当然操作方法也是十分简单的，推荐广大读者采用自动关键帧的方法来制作。

图10-8　记录帧

步骤1 单击界面关键帧控制区的 自动关键点 按钮，当前视图边缘自动呈现红色边框线，如图10-9所示。

步骤2 移动底部的时间帧位置，更改场景中的棋子的位置，通过自动关键帧记录每一个物体位置的更改，如图10-10所示。

步骤3 再次单击 自动关键点 按钮，退出关键帧记录，单击动画控制区的▶按钮，查看动画效果。如果换一个棋子进行动画设置，起始时间可以

用关键帧控制区的+按钮，能够任意设置开始时间位置和静止时间位置。

图10-9　自动关键点

图10-10　记录完成

10.3　时间配置

时间配置用于设置当前动画的帧速度、时间轴上显示的单位、播放速度和动画长度等内容，是进行正式动画制作前需要设置的参数选项。

10.3.1　帧速率设置和时间设置

1. 帧速率设置

帧速率是用于控制每秒钟所播放的帧数。单击动画控制区中的 按钮，弹出"时间配置"对话框，如图10-11所示。

- **帧速率设置**：这个面板中有常用的三种设置，分别为 PAL 制式、NTSC 制式、电影和自定义的帧速率标准。
  - PAL 制式是电视广播中色彩编码的一种方法。全名为 Phase Alternating Line 逐行倒相。是国内电视台常用

的一种制式，它的帧速率标准是每秒25帧。除了北美、东亚部分地区使用 NTSC 制式，中东、法国及东欧采用 SECAM 制式以外，世界上大部分地区都是采用 PAL 制式。

- NTSC 制式，简称为 N 制，是1952年12月由美国国家电视系统委员会（national television system committee，缩写为 NTSC）制定的彩色电视广播标准，是国外常用的一种制式标准，它的帧速率标准是每秒30帧。

第10章 动画基础

图10-11 时间配置

2. 时间显示设置

- 时间显示：用于设置显示在时间轴上面的数字和单位。

  ◆ 帧：完全使用帧显示时间，这是默认的显示模式。单个帧代表的时间长度取决于所选择的当前帧速率。如在 NTSC 视频中，每帧代表 1/30 秒。

  ◆ SMPTE：使用电影电视工程师协会格式显示时间，这是一种标准的时间显示格式，适用于大多数专业的动画制作。SMPTE 格式从左到右依次显示分钟、秒和帧，其间用冒号分隔开来。如：2:16:14 表示 2 分钟、16 秒和 14 帧。

  ◆ 帧：TICK：在当前方式下，使用帧和 3ds Max 内部时间增量（称为"ticks"）显示时间。每秒包含 4 800 tick，所以，实际上可以访问最小为 1/4 800 秒的时间间隔。

  ◆ 分：秒：TICK：在当前方式下，以分钟（MM）、秒钟（SS）和 tick 显示时间，其间用冒号分隔，如：02:16:2240 表示 2 分钟、16 秒和 2240 tick。

◆ 电影的帧速率标准是每秒 24 帧，在一些专业术语上会说每秒 24 格。

- 自定义设置：用户可以自己自由地设置帧速率，但我们很少自己设置，因为我们自己设置的是不符合播放标准的。

10.3.2 播放设置和动画长度

1. 播放设置

播放设置用于控制动画播放时的速度，以及是否循环等属性，如图 10-12 所示。

图10-12 播放设置

- 实时：在 3ds Max 2025 版本中，开启时间配置对话框时，默认当前选项是不选择的，因此，在进行时间设置选项时，需要将当前选项手动开启。开启"实时"选项时，可使当前视口播放跳过帧，以与当前"帧速率"设置保持一致，禁用"实时"选项后，视口播放时将尽可能快地运行并且显示所有帧。

- 仅活动视口：开启当前选项时，可以使播放只在活动视口中进行。禁用该选项之后，所有视口都将显示动画，默认需要开启当前选项。

- 循环：用于设置动画播放时的循环问题，当前选项用于控制动画只播放一次还是反复播放。启用后，播放将反复进行，可以通过单击动画控制按钮或时间滑块渠道来停止播放。禁用后，动画将只播放一次然后停止。单击"播放"将倒回第一帧重新播放。

- 速度：用于设置当前动画播放的速度，可以选择五种播放速度，2× 和 4× 代表快速播放多少倍，1/4× 和 1/2× 代表慢播放。默认设置为 1×。速度设置只影响在视口中的播放。

137

- **方向**：用于设置当前动画播放的方向或顺序，将动画设置为向前播放、反转播放或往复播放（向前然后反转重复进行）。该选项只影响在交互式渲染器中的播放。并不适用于渲染到任何图像输出文件的情况。而且只有在禁用"实时"后才可以使用这三个选项

2. 动画长度

根据动画长度来确定当前整个动画播放时所需要的时间，也是将来进行动画查看所用到的重要依据。动画长度界面，如图 10-13 所示。

图10-13　动画长度

- **开始和结束时间**

时间线长度在计算时通常都是从 0 帧开始的，结束时间可以根据所需要的时间长度设置不同的时间帧。这个面板常用的就是设置"结束时间"这组数值。如果只查看 30 帧到 60 帧的播放效果，且重复查看，也可以改变开始时间为 30，结束时间为 60，这个时候用"播放按钮"播放就可以重复查看中间 30 帧的效果。

- **长度**

用于显示活动时间段的帧数。如果将此选项设置为大于活动时间总帧数的数值，则将相应增加"结束时间"的帧数。

- **帧数**

用于显示当前动画的总帧数，即动画在进行渲染的帧数。该数值始终是动画总帧数长度再加上数字 1 的方式来显示。

- **当前时间**

用于显示当前时间滑块的帧数。调整此选项时，将相应移动时间滑块，视口中显示当前帧将进行实时更新。

- **重缩放时间**

单击该按钮后，打开"重缩放时间"对话框，通过重缩放时间来调整当前动画的长度，如图 10-14 所示。

图10-14　重缩放时间参数调整

10.3.3　关键点步幅

关键点步幅选项用于设置在启用关键点模式时所使用的调整方式，如图 10-15 所示。

图10-15　关键点步幅

1. 使用轨迹栏

选中该选项后，关键点模式能够遵循轨迹栏中的所有关键点。其中包括除变换动画之外的任何参数动画状态。

2. 其他选项

要使以下控件可用，需要去掉"使用轨迹栏"选项。

- **仅选定对象**：在使用"关键点步幅"模式时只考虑选定对象的变换。如果禁用此选项，则将考虑场景中所有（未隐藏）对象的变换。默认设置为启用。

- **使用当前变换**：禁用"位置"、"旋转"和"缩放"，并在"关键点模式"中使用当前变换。例如，如果在工具栏中选中单击"旋转"按钮，则将在每个旋转关键点处停止。如果这三个变换按钮均为启用，则"关键点模式"将考虑所有变换。

要使以下控件可用，请禁用"使用当前变换"。

- **位置、旋转、缩放**：指定"关键点模式"所使用的变换。清除"使用当前变换"即可使用"位置"、"旋转"和"缩放"复选框。

> **总结**
>
> 时间配置选项是做动画之前必须要设置的一个重要参数，根据动画将来输出的媒介不同而设置不同的参数，如动画视频在电视上播放的时，一般都会选择 PAL 制式。此时，帧速率调整为 25，如果要做 1 秒的动画就要设置 25 帧为一个单位，工作中为了快速方便，我们会选择自定义，把帧速率参数设置为 24 帧。选择实时选项，这样看到的动画就是正确的速度了。

10.4 曲线编辑器

曲线编辑器是用于关键帧动画编辑完成后，通过曲线编辑器来更好的编辑动画效果，曲线编辑器是一种轨迹视图模式，可用于处理在图形上表示为函数曲线的运动，通过曲线编辑器可以查看运动的插值。

在 3ds Max 的关键帧之间创建对象变换。使用曲线上的关键点及其切线控制柄，可以轻松查看和控制场景中各个对象的运动及动画效果。替代模式为摄影表，用于直接使用关键点而不是曲线，通过曲线编辑器可以实现更为复杂的动画效果。

10.4.1 初探曲线编辑器

曲线编辑器是用来调整动画的运动轨迹的工具。想使用曲线编辑器，就要先了解物体的运动轨迹与时间轴之间的对应关系。

1. 开启方式

在 3ds Max 软件中，可以通过菜单或对象属性的方式打开曲线编辑器。单击"图形编辑器"菜单，从下拉列表中选择"轨迹视图"/"曲线编辑器"命令，弹出"轨迹视图 - 曲线编辑器"对话框，如图 10-16 所示。

2. 界面认识

顶部为菜单栏，包括编辑器、编辑、视图、曲线、关键字和显示等内容。编辑动画时，可以同时配合场景动画和曲线编辑来调整动画效果。

图10-16 "轨迹视图-曲线编辑器"对话框

通过"过滤器"选项可以在打开的过滤器对话框中，设置哪些需要显示或不显示。单击"视图"/"过滤器"命令，如图 10-17 所示。

图10-17 过滤器

单击过滤器后，显示全部的过滤设置对话框，如图10-18 所示。

例如，当不需要显示当前场景中物体的材质时，可以把有关于材质的设置取消选择即可。

图10-18 过滤器对话框

10.4.2 曲线编辑器的运用

1. 导航窗口

在导航窗口中可以显示对象名称和控制器轨迹，显示哪些曲线和轨迹可以用来进行显示和编辑，如图 10-19 所示。

图10-19 导航窗口

2. 常用工具栏，如图 10-20 所示。

图10-20 常用工具栏

- 移动关键点工具：可以改变关键点水平和垂直位置，也可以框选多个关键点同时进行修改。

- 绘制工具：通过手绘曲线方式，选择后可以直接在曲线编辑区绘制曲线。关键点打点的速度由手绘的速度决定，手绘曲线不够光滑，可以执行"曲线"/"简化曲线"命令，通过简化曲线工具的方式来减少关键点，弹出的阈值设置得越大，精减掉的关键值就越多，曲线也就越光滑，效果就越容易失真。对于采集来的动作数据，往往使用这种方法进行关键点的精减。

- 添加关键点工具：可以在任何时间段插入关键点。

其他的曲线控制工具将在后面的具体案例中进行讲解，在此不再赘述。

3. 曲线调整的其他方法

在顶点上右击，同样可以进行设置。可以单击高级按钮，将左、右两端的锁定键解除，分别调整顶点左、右两端的控制柄，或者配合【Shift】键来解除锁定，如图 10-21 所示。

- 超出范围类型：可以调整越界曲线的类

型。可以对物体设置为循环或周期动画。执行"编辑"/"控制器"/"超出范围类型"命令，如图10-22所示。

图10-21　曲线调整

图10-22　"参数曲线超出范围类型"对话框

- **减缓和增强曲线**：通过曲线菜单中选择减缓或增强曲线的方式来减缓或增强曲线。

选择"曲线/应用增强曲线"，可以从数值方面来调整曲线的增强，如图10-23所示。

图10-23　增强曲线

选择"曲线/应用减缓曲线"，可以调整曲线在时间方面的减缓，如图10-24所示。

图10-24　缓解曲线

10.5　实战案例——球体运动

用一个排球运动来练习一下关键帧和曲线编辑器的使用，如图10-25所示。

图10-25　排球运动

1. 创建模型

在场景中创建一个排球模型和平面的地板造型，如图10-26所示。

2. 关键帧设置

步骤1 在进行动画制作时，需要合理安排关键帧的位置。本案例中，0帧的位置，排球在地板的上方，15帧排球落到地面，30帧排球弹起，后续慢慢地弹起，速度越来越弱。单击页面下方的"自动关键点"按钮，此时，视图边缘出现红色边框，如图10-27所示。

图10-26　创建模型

图10-27　开启关键帧

步骤2 把时间滑条放到15帧的位置，调整排球下落到地面，如图10-28所示。可以让排球和地面相交，再次调整时，可以调整排球和地面的关系。

图10-28　15帧处球体

步骤3 此时，在界面下方的时间轴线上，已经有了两个关键帧的标识，如图10-29所示。

图10-29　两个关键帧

步骤4 将时间滑条放到30帧的位置，让排球离开地面，比开始落下的位置低一些，因为落地后受到摩擦力和弹起后重力变成了阻力，让排球弹起的距离比上次的位置要低一些，如图10-30所示。

图10-30　弹起

> **注意**
>
> 在移动排球的时候可以在前视图或者左视图里，参照0帧排球的位置，只要让30帧排球的位置低于0帧排球的位置即可。

此时，在时间轴线上就已经有了三个关键帧，一个简单的排球落地弹起动画就基本创建完成了。

3. 曲线编辑器调整

步骤1 打开曲线编辑器，找到"变换"下面的X、Y、Z轴向的位置，选择它们三个，可以看到面板里面有三种颜色线，如图10-31所示。

图10-31　三种颜色线

步骤2 在曲线编辑器中，红色 X 轴和绿色 Y 轴是直的，蓝色 Z 轴是曲线，通过这个观察可以看到 Z 轴方向上就是排球高度的变换，变换的曲线就是排球落地和弹起的效果，选择 Z 轴蓝色的曲线，选择中间的关键点，这就是排球落地的关键点，点击图标 将曲线设置为快速，如图 10-32 所示。

图10-32　将曲线设置为快速

在视图里播放查看效果，可以看到排球的弹起动画自然了很多，但只是弹了一下就结束了，现实中并不是这样，排球应该多弹起几下，然后在地面上停止下来。要制作的效果是排球弹起四次后下落到地面，然后停止下来。

步骤3 首先，将时间设置得长一些，单击动画控制区的 按钮，在弹出的"时间配置"对话框中将动画结束时间改为 300，如图 10-33 所示。更改完成后，将对话框关闭。

图10-33　结束时间

步骤4 在曲线编辑器界面中，单击 添加关键点工具，将时间轴每隔 15 帧增加一个关键点，并调整曲线的效果，如图 10-34 所示。

步骤5 单击动画控制区的 按钮，预览当前动画效果，可以看到新添加的关键点，在和地面接触以后，弹起的过程中不真实，选择与地面接触的关键点，也就是曲线编辑器视图下端的点，利用 切换到选择按钮，单击并框选下面的关键点，如图 10-35 所示。

图10-34　曲线变形

图10-35　框选点

步骤6 单击 工具按钮，将曲线点转换为快速，此时底端平滑点转换为角点，如图 10-36 所示。

图10-36　更改点类型

步骤7 选择所有下端的关键点，调整它们的位置，让它们和地面接触的位置调整得自然一些，将数值 设置为 5 即可，大家可以根据不同的情况进行调整。

在进行细化调节时，可以通过前视图和透视图查看球体与地面的接触效果。

步骤8 单击曲线编辑器界面中的 按钮，框选刚刚创建的关键点，调整它们的效果，因为排球在多次下落和弹起的时候高度会越来越低，并且每一次弹起的时间也都会变短，如图 10-37 所示。

图10-37　曲线效果

4. 真实性调整

步骤1 选择排球，把时间滑条放到时间线的最后一个关键帧上，按【E】键，切换到旋转工具，沿着Y轴任意旋转一下，如图10-38所示。

图10-38　旋转排球

步骤2 打开曲线编辑器，选择Y轴旋转图标，如图10-39所示。

图10-39　Y轴旋转

步骤3 将最后关键点的数值改为 –180。选择0帧的关键点，单击 按钮，将切线设置为快速，一开始旋转的速度是快的，选择最后面的关键点，单击 按钮，将切线设置为慢速，由于受到摩擦力和阻力的作用，速度会逐渐变慢的，如图10-40所示。

图10-40　调整

此时，可以通过动画控制区的 按钮，查看球体运动的动画效果，可以看到动画真实了很多，但是有一个问题，排球是不可能突然就停下来的，它应该是在颤抖之后才停下的。

打开曲线编辑器，再次编辑Z轴曲线，在末尾处为当前动画添加三个颤抖效果的关键点，单击曲线编辑器界面中的 按钮，添加关键帧点，制作三个弧度较小的曲线，如图10-41所示。

图10-41　制作曲线

5. 距离调整

步骤1 打开曲线编辑器，找到红色X轴向的曲线，选择最后的关键点，以Z轴作为参考，拖动点的位置，如图10-42所示。

图10-42　调整X轴位置

步骤2 选择X轴曲线，把曲线中间的关键点删除，分别选择X轴曲线上的两个关键点，点击 按钮，将切线设置为线性，如图10-43所示。

图10-43　切线类型

6. 运动中变形

步骤1 球在下落的过程，球是有变形动画的，如图10-44所示。虽然是夸大了运动的变形规律，因为对于缓慢运动的物体球是不可以有这么大变形动画的，但是这种变形是现实存在的。

图10-44 变形规律

步骤2 选择排球模型，在命令面板"修改"选项中，添加"拉伸"命令，调节参数，在命令面板修改选项中，将stretch前的"三角"展开，选择gizmo，将拉伸数值改为0.1，如图10-45所示。

图10-45 前视图中的拉伸

步骤3 选择物体对象，右击，切换到"对象属性"选项，选择 运动路径 选项，在前视图中查看效果，如图10-46所示。

步骤4 单击 自动关键点 按钮，在0帧处让拉伸方向沿着路径方向，用旋转工具旋转匹配，旋转的方向始终与球滚动的方向一致，30帧为第一个落地关键帧的位置，用旋转工具旋转匹配，旋转的方向始终与球滚动的方向一致，纠正它的拉伸方向，如图10-47所示。

图10-46 轨迹

图10-47 下落方向

步骤5 采用同样的方法，依次调整其他关键帧的效果，调整完成后，在命令面板"修改"选项中单击"Stretch"按钮，退出子编辑。把拉伸的数值重新改为0。

步骤6 在前视图里拉伸数值调整为0.1，在15帧的位置，将拉伸数值调整为–0.1，打开曲线编辑器，选择"拉伸"选项，如图10-48所示。排球挤压变形的效果就控制在–0.1到0.1。

图10-48 拉伸

步骤7 单击曲线编辑器界面中的➕按钮，根据排球落地和弹起的规律，对拉伸添加关键点和调整关键点，让运动规律更真实一些。

至此，一个完美的球体运动的动画效果就制作完成了，将当前文件保存，单击动画控制区的▶按钮，查看球体的自由落体效果。

第11章 动画分类

本章知识点：

① 路径动画

② 骨骼动画

　　通过对第10章动画基础知识的学习，想必很多读者对于曲线编辑器已经有了初步的认识和了解。除了简单的球体运动动画之外，通过3ds Max 2025软件还可以制作其他的动画，如：路径动画、骨骼动画等。本章将继续带领读者走入神奇的动画世界。

11.1 路径动画

路径动画，顾名思义，就是将运动的物体沿指定的路径进行位置的更改，从而实现动画的效果。在 3ds Max 2025 软件中，通常使用二维图形作为运动的路径对象。

11.1.1 路径动画制作方法

本案例所制作的是小汽车沿着公路行驶的动画，主要是通过捕捉路径来实现动画，因此，对于公路和小汽车的模型做法，在此不再赘述。

1. 创建路径

在命令面板的"新建"选项中单击图形选区的"线"工具，在顶视图中沿公路绘制线条，尽量置于公路的中心位置，如图 11-1 所示。

图11-1 绘制路径

2. 约束动画

步骤1 选择小汽车模型，执行"动画"/"约束"/"路径约束"命令，如图 11-2 所示。

图11-2 执行"路径约束"命令

步骤2 单击并拖动小汽车到路径位置时出现提示，单击完成路径约束操作，如图 11-3 所示。

步骤3 切换到透视图中，查看小汽车与公路的位置关系，如图 11-4 所示。

图11-3 路径约束完成

图11-4 汽车与公路的位置关系

3. 调整位置

步骤1 选择小汽车对象，在命令面板中，切换到"层次"选项，单击"仅影响轴"按钮，调节控制轴心的位置，调整小汽车的上、下位置，如图 11-5 所示。

图11-5 调整小汽车的上、下位置

步骤2 保持小汽车为选中状态，在命令面板"运动"选项中，设置"跟随"选项，如图11-6所示。

图11-6　路径跟随

图11-7　调整汽车路径

步骤3 若此时小汽车显示路径不正确，那么更改锁定的轴向和翻转属性，最终得到正确效果，如图11-7所示。

4. 动画预览

调整位置以后，单击动画控制区的 ▶ 按钮，可以看出小汽车的动画轨迹变为正确，如图11-8所示。

图11-8　动画转入轨迹正常

11.1.2　实战应用：摄影机路径动画

本小节我们通过一个简单场景介绍一下常见的摄影机路径动画，摄影机路径动画是常见的穿梭动画里面一个重要的分类。

1. 创建场景

打开场景练习素材，如图11-9所示。

图11-9　楼房规划效果图

图11-10　路径

2. 创建路径

在命令面板"新建"选项中，单击"线"按钮，在顶视图中绘制摄影机要走的路径，如图11-10所示，黄色线是绘制的路径。

3. 穿行助手

步骤1 执行"动画"/"穿行助手"命令，弹出"穿行助手"对话框，如图11-11所示。

步骤2 单击"创建新的摄影机"按钮，此时，场景中会出现一个摄影机对象，如图11-12所示。

图11-11 "穿行助手"对话框

图11-13 摄影机视图

步骤4 若当前观察效果不够理想时,可以调整摄影机的高度参数。更改摄影机视点水平高度,如图11-14所示。

图11-14 摄影机视点水平高度

图11-12 创建摄影机

4. 动画制作

选择摄影机,将时间轴滑块调整到 0 处,单击关键帧控制区的"自动关键帧"按钮,根据不同的情况调节部分参数即可。再将单击"自动关键帧"按钮,将其关闭,进行动画预览即可。

步骤3 单击"拾取路径"按钮,在场景中单击选择路径对象,单击动画控制区的 ▶ 按钮,可以查看大体上的运动效果。单击"设置视口为摄影机"按钮,场景自动切换摄影机视图,如图11-13所示。

11.2 骨骼动画

骨骼动画是进行人物或角色动画的一个前提基础,通过骨骼的绑定,可以将角色更具有自然协调的运动方式。在 3ds Max 2025 软件中,骨骼的创建分为 Bone 骨骼、Biped 骨骼和 CATRig 三种方式,且每种方式有其特点和使用方法。

11.2.1 骨骼动画的介绍和运用

骨骼动画是根据人体或动物骨骼模拟的运动动画,现实中骨骼是不能直接运动的,必须由肌肉所驱动,进而骨骼再带动躯体运动,而在数字软件中动画是可以直接控制骨骼来带动躯体运动的,本章要讲的内容就是骨骼动画的运用,即如何让角色或物体动起来。骨骼动画是现在三维软件中常用的动画模式,它可以让动画更形象、更自然、更符合现实。

1. 创建 Bone 骨骼

打开已经创建完成的花朵模型,在命令面板中切换到"系统"选项,单击"骨骼"按钮,如图11-15所示。在前视图中沿着花朵创建骨骼,如图11-16所示。

从上往下依次选择骨骼对象，按【E】键切换到旋转工具，通过主工具栏中的 按钮，更改选择的骨骼坐标中心为"使用轴点中心"模式，如图 11-20 所示。

图11-15 单击"骨骼"按钮

图11-16 创建骨骼

通过骨骼对象参数，调整骨骼的尺寸，生成最后的骨骼效果，如图 11-17 所示。

图11-18 "蒙皮"命令

图11-19 添加骨骼

图11-17 骨骼效果

2. 蒙皮

选择花朵物体，执行"修改器/动画/蒙皮"命令，如图 11-18 所示。

在命令面板"修改"选项中单击，选择"蒙皮"命令，单击骨骼后面的"添加"按钮，按住【Shift】键，将骨骼添加进来，如图 11-19 所示。

图11-20 更改骨骼轴心

3. 骨骼关键帧动画

步骤1 为了方便选择骨骼，可以临时将花朵造型执行"冻结"操作，按住【Ctrl】键的同时，

步骤2 单击关键帧控制区的 按钮，将时间轴滑块调整到 0 位置，在前视图中利用旋转工具，调整其位置，如图 11-21 所示。

151

图11-21 旋转骨骼

步骤3 将时间轴调整到 40 帧位置处，向相反的方向旋转骨骼，如图 11-22 所示。

图11-22 向相反方向旋转骨骼

步骤4 将时间轴调整到 80 帧位置处，选择 0 帧位置的关键帧，按住【Shift】键，将其拖动到 80 帧的位置就可以实现关键帧的复制操作。单击动画控制区的▶按钮，查看动画效果。

至此，一个简单的循环效果就制作完成了，要想在不同的时间线上一直循环，则需要通过曲线编辑器来实现。

4. 曲线编辑器

分别选择每一个骨骼，打开曲线编辑器，在弹出的界面中选择 X 轴、Y 轴和 Z 轴旋转，执行"编辑/控制器/超出范围类型"命令，如图 11-23 所示。

图11-23 执行"超出范围类型"命令

在弹出的超出范围类型对话框中选择"循环"选项，如图 11-24 所示。单击"确定"按钮完成编辑。

图11-24 设置循环

单击"动画控制区"的▶按钮，查看动画效果，会发现比前面的效果更加真实。

11.2.2 IK与FK转换

IK（反向运动）通过使用计算父物体的位移和运动方向，将所得信息继承给其子物体的一种物理运动方式。也就是通过定位骨骼链中较低的骨骼，使较高的骨骼旋转，从而设置关节的姿势，IK 是根据末端子关节的位置移动进行计算得出每个父关节的旋转，通常用于将骨骼链的末端"固定"在某个相对该骨骼链移动的对象上。

FK（正向运动）是一种通过"目标驱动"来实现的运动方式，FK 是带有层级关系的运动，是根据父关节的旋转计算从而得出每个子关节的位置。FK 有种牵一发而动全身的那个意味。

IK 和 FK 是组成人体运动的两种方式，做绑定的时候这两种运动方式需要配合使用，即都需要做，而具体如何去做请去查阅人体动力学的相关知识，从而了解我们身体中哪些行为属于 IK，哪些属于 FK。

1. 创建 FK 骨骼

在命令面板"新建"选项的"系统"选项中的"骨骼"按钮，所创建的骨骼默认为 FK 骨骼，即为正向动力学，如图 11-25 所示。

图11-25　FK骨骼

FK 骨骼：移动父级骨骼关节，可以带动子级骨骼关节，移动子级骨骼关节，父级骨骼关节不会改变。在创建骨骼后，右击，结束本次创建命令。

2. 创建 IK 骨骼

所谓的创建 IK 骨骼，其实是在子骨骼关节上添加了一个 IK 控制手柄，用此手柄控制来达到子级骨骼关节控制父级骨骼关节的效果。

IK 骨骼创建通常有两种方法：

方法一：

在创建骨骼对象时，选中参数中的"指定给子对象"和"指定给根"选项，如图 11-26 所示。

图11-26　IK骨骼

在场景中创建完 IK 骨骼后，在子级骨骼末端处有一个十字的控制手柄，并且在父级端和子级端中间出现了一条线，这条线只有在选中 IK 控制手柄的时候才会出现，如图 11-27 所示。

图11-27　控制手柄与线关系

方法二：

首先，在场景中创建正常的 FK 骨骼后，选择骨骼对象，执行"动画"/"IK 解算器"/"IK 肢体解算器"命令，执行完成后，场景中出现一条虚线，如图 11-28 所示。

图11-28　虚线

单击骨骼的另外一个点，拾取完成后，转换为 IK 骨骼，如图 11-29 所示。

图11-29　完成转换

3.IK 骨骼与 FK 骨骼转换

IK 转换为 FK：

选择场景中 IK 骨骼的控制手柄，在命令面板中单击"运动"选项，将"IK 解算器"下面的"启用"按钮关闭即可，如图 11-30 所示。

若要将 IK 完成转换为 FK 时，除了将启用按钮关闭以外，还需要去掉"IK 设置 FK 姿势"复选项。

图11-30　单击启用按钮

FK 转换为 IK：

将上面对话框中的"启用"按钮再次单击选中以后，当前 FK 转换为 IK。

11.2.3　样条线IK的使用

样条线 IK 的使用，其实是将样条线的形状作为骨骼的参照路径来使用，方便创建形状容易控制的骨骼对象。

步骤1　在命令面板的"新建"选项中单击"系统"按钮，单击"骨骼"对象，从"IK 解算器"中选择参数，如图 11-31 所示。

连接而成，如图 11-33 所示。

图11-31　选择参数

图11-32　解算器设置面板

步骤2　在前视图里创建骨骼对象，右击结束创建骨骼时，弹出"样条线 IK 解算器"设置面板，如图 11-32 所示。

步骤3　单击"确定"按钮后，可以看到当前的骨骼对象由九个小方块构成，且由一个样条线

图11-33　骨骼对象

11.3　CAT角色动画插件

CAT（character animation toolkit）插件，为人体、动物、昆虫、机器人等提供了一个预设装备库。在使用 CAT 插件时，既可以从头创建 CATRig，也可以直接加载符合要求的装备。而且，

通过 CAT 插件还可以随时将自定义 CATRig 另存为新预设，以供以后重用。

通过使用 CAT，可以快速创建所需装备。CATRig 包括内置 IK 和操纵简单的脊椎和尾部。通过高级手指或足趾控件，可以方便地定位手指和脚趾。默认情况下，将使用 IK 来创建腿，使用 FK 来创建手臂。可以对所有肢体骨骼进行分段，以便扭曲骨骼。分段扭曲权重通过样条线进行控制。

即使在设置模式（相对于动画模式）下，也可以设置装备，以便直观地操控。可以使用 FK 来排列手臂，使用 IK 来排列腿。可以直观地移动和旋转骨盆、胸腔和头部。

在使用 CAT 插件设置期间，可调整 CATRig 大小，不必中断 IK 设置，这在合并文件时非常有用。创建动画层之后，便无法再调整大小，从而避免现有动画出现问题。

11.3.1 加载CAT预设

对于 CAT 插件，需要通过加载的方式添加到当前场景中，方便使用骨骼布局、蒙皮等操作。

1. 加载

步骤1 在命令面板"新建"选项中，单击"辅助对象"选项，从下拉列表中选择 CAT 对象，如图 11-34 所示。

图11-34　CAT对象

步骤2 单击"CAT 父对象"按钮，在"CATRig 加载保存"选项中选择要加载的装备，如图 11-35 所示。

步骤3 在场景中单击并拖动，将新的预设装备添加到场景中，如图 11-36 所示。

图11-36　装备

2. 创建骨骼

步骤1 在命令面板的"新建"选项中，选择"辅助对象"，从下列表中选择"CAT 对象"按钮，单击"CAT 父对象"，在"CAT 加载保存选项"中选择"无"，在透视图中单击并拖动，创建 CAT 对象，如图 11-37 所示。

步骤2 选择底部的 CAT 对象，在命令面板"修改"选项中单击 CAT 对象选项中的"创建骨盆"按钮，在视图中单击，创建中间的骨盆物体，如图 11-38 所示。

图11-35　选择装备

图11-37　CAT对象

图11-38　骨盆对象

步骤3 选择骨盆对象后，在命令面板"修改"选项中，可以依次添加腿、手臂、脊椎、尾部、附加骨骼和其他装备对象（小道具、备件）等，如图11-39所示。

图11-39　整个CAT

11.3.2　CAT绑定

通过卡通模型CAT绑定操作，介绍CAT的具体用法。

1. 创建骨盆

步骤1 打开模型文件，如图11-40所示。

图11-40　模型文件

步骤2 为了方便查看骨骼与模型搭配关系，将模型的不透明度调为5。

步骤3 在命令面板"新建"选项中单击"辅助对象"按钮，从下拉列表中选择"CAT对象"，单击"CAT父对象"按钮，将底部的方式选择"无"，在透视图中单击创建底部参数图形，如图11-41所示。

步骤4 选择父对象，在命令面板"修改"选项中单击"创建骨盆"按钮，场景中生成"长方体"的骨盆对象，如图11-42所示。

2. 创建腿

步骤1 选择创建的"骨盆"对象，在命令面板"修改"选项中单击参数中的"添加腿"按钮，如图11-43所示。

图11-41 创建底部图形

图11-42 骨盆对象

图11-43 添加腿

图11-44 添加腿对象

图11-45 脚

图11-46 更改骨骼数为2

步骤2 在视图中单击并拖动,完成腿部对象创建,可以通过"移动""旋转"等操作来调整腿骨骼的位置;也可以选中"使用自定义网络"复选框,为当前的骨骼添加自定义网格对象,如图11-44所示。

步骤3 选择腿的末端脚踝对象,添加一节骨骼对象作为脚,将脚趾数改为1,如图11-45所示。

步骤4 选择骨骼,在命令面板"修改"选项中将骨骼数改为2,如图11-46所示。

步骤5 为刚刚创建的模型命名,选择第一段骨骼命令为脚,第二段骨骼为脚掌,修改脚的位置,完成创建,如图11-47所示。

步骤6 选择骨盆对象,在命令面板"修改"选项中单击"添加腿"按钮,系统自动匹配另外一条腿的造型,完成两条腿的创建,如图11-48所示。

图11-47 腿、脚创建完成

图11-48 完成两条腿的创建

图11-49 脊椎

图11-50 手臂

3. 创建躯干

在场景中，选择骨盆对象，在命令面板"修改"选项中，单击"添加脊椎"按钮，将骨骼的默认数由5改为4即可，调整局部脊椎的位置，如图11-49所示。

选择脊椎对象，对每一段骨骼进行命名，从下往上依次为胯部、腰部、腹腔和胸部。

4. 创建手臂和手

步骤1 选择胸部骨骼，在命令面板"修改"选项中单击"添加手臂"按钮，如图11-50所示。

步骤2 选择手臂末端的关节，将手指数改为4，当前模型只有4个手指对象，修改手臂与手指的位置和参数，如图11-51所示。

图11-51 修改手臂和手指的位置和参数

步骤3 再次选择胸部骨骼，单击"添加手臂"按钮，系统自动匹配生成另外的一只手臂和手造型，如图11-52所示。

第11章 动画分类

图11-52 生成另外一只手臂和手

5. 创建脖子和头部

选择胸部骨骼，单击"修改"选项中的"添加脊椎"按钮，添加两段"脊椎"造型，调整骨骼位置和大小，如图11-53所示。

图11-53 调整骨骼位置和大小

11.3.3 CAT蒙皮与权重

蒙皮就是让骨骼和物体绑定在一起的操作，权重就是让模型和物体更好地绑定在一起，达到不穿帮的效果。

1. 蒙皮

步骤1 选择所有的骨骼对象，在主工具栏中将其添加到"选择集"，调整骨骼与模型的位置，如图11-54所示。

对于部分"穿帮"的位置，需要通过设置权重来修改。

图11-54 调整位置

图11-55 选择骨骼

步骤2 选择卡通模型，在命令面板"修改"选项中选择"蒙皮"命令，单击骨骼添加，弹出选择骨骼面板，选择刚刚命名的选择集，如图11-55所示。

步骤3 单击"选择"按钮，完成骨骼添加。在移动骨骼时，发现模型对象已经完全匹配骨骼。

2. 权重

给模型设置权重是一件很重要的事情，当然也是一件很烦琐的事情，权重的分配好坏直接影响动画的质量。

步骤1 选择模型中的衣服物体，在命令面板中单击"编辑封套"按钮，此时骨骼的末端有显示有顶点的直线，如图11-56所示。

步骤2 选择需要调整胶囊形状内部和外部封套，调整封套来改变影响的范围，其中红色范围为影响到的区域，如图11-57所示。

159

图11-56 显示直线

图11-57 改变后的影响区域

步骤3 退出子编辑后，查看整体效果，如图11-58所示。

图11-58 整体效果

步骤4 激活参数中的"镜像"模式，如图11-59所示。

步骤5 单击"镜像模式"选项中的 按钮，将左、右两个手臂进行镜像操作。

图11-59 镜像模式

3. 权重调节

在激活封套模式下，单击底部的"顶点"选项，单击 按钮，弹出"权重工具"对话框，如图11-60所示。

图11-60 "权重工具"对话框

单击权重工具选项中的 按钮，单击后面的 按钮，弹出绘制权重对话框，如图11-61所示。

图11-61 绘制权重

在需要调整权重的位置单击并拖动，完成权重调节。

第12章 动 力 学

本章知识点：
① MassFX刚体
② 布料mCloth

在进行动画制作时，为模拟现实中的物理现象，如重力、碰撞、风、水波、磁场、爆炸等，需要通过动力学系统来实现。正是因为有了动力学系统的加入，才可以制作出更加真实的效果。因此，动力学是做三维动画设计不可缺少的实用资源。

12.1 MassFX刚体

刚体类对象属于 MassFX 工具组中常用的运动对象，通过给物体赋予刚体属性或性质，产生基本的运动碰撞效果，还原现实世界物体受力产生运动变化的计算行为。

12.1.1 MassFX工具栏

MassFX 工具栏提供了用于模拟真实物理世界中常见动力的各种工具，也是 3ds Max 2025 软件中最好用的动力学工具系统。

1. 启动工具栏

将鼠标置于主工具栏左侧"竖线"处，右击，从弹出的快捷菜单中选择"MassFX 工具栏"选项，如图 12-1 所示。

图12-1 开启MassFX工具栏

2. MassFX 工具栏简介

MassFX 工具栏显示后，与其他工具栏类似，可以在视图中调节不同的放置位置，其基本内容包括工具编辑、刚体设置、布料设置、刚体约束、布玩偶、重置播放、模拟播放、模拟前进八个内容，如图 12-2 所示。

图12-2 MassFX工具栏

单击对应工具按钮后，可以展开进行相关工具设置，后面将通过具体的应用案例进行介绍，在此不再赘述。

3. MassFX 刚体认识

在 MassFX 工具栏中，刚体对象组分为动力学刚体、运动学刚体和静态刚体三种类型，如图 12-3 所示。

图12-3 刚体分类

- **动力学刚体**：物体被指定为动力学刚体后，物体就受重力及模拟因其他对象撞击而导致的运动变形行为。

- **运动学刚体**：物体被指定为运动学刚体后，可以对物体做动画设置，让物体动起来，运动学刚体可以碰撞影响动力学刚体，但是动力学刚体的物体是不可以碰撞到运动学刚体的。而物体可以通过改变在什么时间变成动力学刚体从而碰撞影响场景中被指定为动力学刚体的其他物体，这时自身也会受到碰撞影响。

- **静态刚体**：被指定为静态刚体的物体，一般都是不需要动的物体，它们只需要在场景中被运动学物体碰撞就行，它们本身是不会动的，它们可以用作容器、墙、障碍物等物体。

12.1.2 MassFX刚体案例

刚体是进行动力学模拟的初级阶段，场景中需要设置动画或主动影响周围对象的物体，都需要事先设置刚体后，才可以进行动力学效果制作。

通过两个案例的操作和应用，掌握 MassFX 刚体操作。

1. 实战应用：小球碰撞

基本操作步骤：

步骤1 场景创建。在场景中根据前面的建模知识，创建简单场景，如图 12-4 所示。

图12-4　场景创建

步骤2 设置刚体。选择墙体砖块对象，通过 MassFX 设置其为动力学刚体，如图 12-5 所示。

图12-5　设置为动力学刚体

步骤 3 选择小球对象，通过 MassFX 设置其为运动学刚体，如图 12-6 所示。

图12-6　设置为运动学刚体

步骤4 选择地面对象，通过 MassFX 设置其为静态刚体，如图 12-7 所示。

图12-7　设置为静态刚体

步骤5 设置关键帧。选择小球对象做关键帧动画，时间为 0 帧到 25 帧，让小球穿过墙体，如图 12-8 所示。

图12-8　设置关键帧

步骤6 预览查看。单击 Ma55FX 工作栏中的播放按钮▷，查看动画预览效果，如图 12-9 所示。

图12-9　动画预览

步骤7 效果分析。通过播放查看动画效果，发现小球运动到一定状态后停止不动，与日常生活中的运动原理不相符，在现实生活中，小球与砖墙发生碰撞后会有一个停留，受重力影响会有一个下落的运动效果。

步骤8 细节调整。拖动时间线上的时间滑块，查看小球运动状态，等小球快要撞上墙体砖块的时候记下时间帧，如图 12-10 所示。

2. 实战应用：保龄球运动

步骤1 场景建模。根据前面学习的建模、材质知识创建基本场景，如图 12-13 所示。

图12-10　帧运动状态

图12-13　创建基本场景

步骤9 选择小球对象，在命令面板中切换到"修改"选项，在刚体属性选项中选中"直到帧"复选框，在后面文本框中输入 17，如图 12-11 所示。通过直到帧设置，表示从 17 帧以后，小球对象的属性从运动学刚体转换为动力学刚体。

步骤2 设置刚体。选择 10 个保龄球瓶子对象，通过 MassFX 设置其为动力学刚体，如图 12-14 所示。

图12-11　设置直到帧

图12-14　设置运动学刚体

步骤10 单击 MassFX 工具栏中的播放按钮，查看效果，此时，小球碰撞后落到了地面。符合现实生活中运动碰撞常识，如图 12-12 所示。

步骤3 选择保龄球球体对象，通过 MassFX 设置其为运动学刚体，如图 12-15 所示。

图12-15　设置运动学刚体

步骤4 选定地面对象，通过 MassFX 设置其为静态刚体，如图 12-16 所示。

图12-12　小球碰撞结果

图12-16　设置为静态刚体

技巧说明

在使用自动关键帧记录动画操作时，关键帧动画完成后，需要手动关闭自动关键点，防止影响后面关键帧的基本操作。

步骤5 设置关键帧。选择撞击球做关键帧动画，时间为 0 帧到 25 帧，让撞击球穿过保龄球瓶子对象，如图 12-17 所示。

第12章 动力学

图12-17 设置关键帧动画位置

步骤6 预览查看。单击 MassFX 工作栏中的播放按钮，查看动画的基本效果，发现没有碰撞效果，这是因为保龄球瓶子对象和撞击球两者属性都是运动学刚体，所以看不到效果。

步骤7 细节调整。拖动时间线上的时间滑块，查看撞击球和瓶子的运动状态，等撞击球与保龄球瓶子撞在一起时，记下关键帧位置，如图 12-18 所示。

图12-18 记录关键帧

步骤8 分别选择保龄球的 10 个瓶子，打开修改面板，再次选中刚体属性栏中的"直到帧"复选框，在后面输入 15，当前属性操作，需要设置 10 次，对每一个瓶子都要执行此步骤，如图 12-19 所示。

图12-19 设置直到帧

步骤9 可以通过另外的方法设置直到帧的基本属性，选择全部的保龄球瓶子对象，打开多对象编辑器，如图 12-20 所示

图12-20 选择多对象编辑器

步骤10 在多对象编辑器界面中，切换到刚体属性，选中"直到帧"复选框，输入数值 15，如图 12-21 所示。

图12-21 刚体属性

步骤11 单击 MassFX 工具栏中的播放按钮，查看效果，发现碰撞效果成功，如图 12-22 所示。

图12-22 基本碰撞

步骤12 效果提升。为了让保龄球运动的效果更加真实，需要对撞击球 15 帧以后进行属性更改，选择球体对象，在修改面板中设置刚体属性，如图 12-23 所示。

图12-23 设置刚体属性

步骤13 单击 MassFX 工具栏中的播放按钮 ▶，查看效果，发现碰撞效果真实程度有所提升。继续调整撞击球质量。

选择撞击球物体对象，切换到修改面板，在物理材质参数中，将质量数值更改为 10，如图 12-24 所示。

步骤14 选择撞击球对象，切换到修改面板，在"物理图形"参数中将图形类型更改为"球体"，如图 12-25 所示。

图12-24　更改质量数值　　图12-25　更改图形类型

步骤15 在场景中选择保龄球瓶子对象，切换到"修改"面板，在物理图形参数中更改图形类型为胶囊，如图 12-26 所示。

步骤16 在"物理网格参数"中更改胶囊对象的参数，如图 12-27 所示。

图12-26　更改图形类型　　图12-27　更改胶囊参数

步骤17 在命令面板"修改"选项中，在"物理图形"选项中，添加网格 2 和网格 3，然后分别设置其图形类型为胶囊，如图 12-28 所示。

步骤18 分别在参数中调整三个胶囊体所代表瓶子的形状，在调整的过程中除了修改半径和高度以外，若需要移动或旋转胶囊时，可以在 MassFX Rigid Body 选项中激活网格变换，对胶囊进行移动和旋转操作，如图 12-29 所示。

图12-28　设置网格对象

图12-29　网格变换

步骤19 在命令面板"修改"选项中选中 显示明暗处理外壳 参数，对另外的保龄球对象也同样设置显示明暗处理外壳参数，如图 12-30 所示。

步骤20 单击 MassFX 工具栏中的播放按钮 ▶，查看当前动力学设置效果，如果效果可以的话，就可以烘焙动画，点击模拟工具，在模拟面板中点击"烘焙所有"，也可以只烘焙选择的物体，如图 12-31 所示。

图12-30　显示明暗处理外壳　　图12-31　烘焙设置

步骤21 烘焙完成后，时间线上出现当前动画对象的关键帧，此时，可以使用 3ds Max 2025 软件自带的播放器进行动画效果查看，如图 12-32 所示。

图12-32　动画效果

12.2 布料mCloth

布料 mCloth 对象也是动力学系统中常用的基本操作，与刚体相对应，布料 mCloth 可以理解为"柔体"，用于模拟现实生活中的柔软物体，如衣服、布料、果冻等对象。

12.2.1 布料mCloth基本操作

布料 mCloth 对象通常用于实现柔软对象，在使用时，经常需要结合重力、风等辅助对象，因此，需要在了解基本操作的前提下，与辅助外力相结合，模拟生活中的常见柔体特效。

1. 布料 mCloth 工具栏

在 MassFX 工具栏中，布料 mCloth 系统为左侧图标第三个，非常形象的图标设计，如图 12-33 所示。

图12-33　布料mCloth系统图标

2. 布料 mCloth 参数

场景中某物体被设置为 mCloth 对象后，切换到命令面板"修改"选项后，会显示布料 mCloth 相关的参数，如图 12-34 所示。除了通过 MassFX 工具栏可以将物体转换为 mCloth 对象外，也可以直接在修改面板中添加 mCloth 命令。

mCloth 修改面板中有九组卷展栏参数，每一个展开后都有不同的命令和按钮。为我们在工作中提供了强大的功能。其中纺织品物理特性卷展栏通常用于对布料的一些基本属性进行设置，如改变重力比、密度、延展性等功能，后续通过具体案例进行介绍。

图12-34　mCloth参数

12.2.2 实战：布料mCloth

通过下面的具体案例应用和介绍，熟悉布料 mCloth 对象基本参数的设置，掌握一些基本案例的操作。

1. 实战应用：餐布

步骤1 场景建模。根据前面学习的建模知识自己创建场景，如图 12-35 所示。

> **注意事项**
>
> 对于模拟桌面的平面对象，其参数中的"分段"，需要设置得高一些，以免在落到桌子对象上时产生褶皱的棱角，影响外观效果。

图12-35　场景建模

步骤2 设置布料 mCloth 对象。选择场景中的桌布物体，通过 MassFX 工具栏，将选定对象设置为 mCloth 对象，如图 12-36 所示。

图12-36 设置为mCloth对象

步骤3 选择场景中的桌子对象，通过 MassFX 工具栏，设置其为静态刚体对象，如图 12-37 所示。

图12-37 设置对象为静态刚体

步骤4 预览动画。单击 MassFX 工具栏中的"播放"按钮，查看效果，此时发现桌布直接掉到地面，如图 12-38 所示。

图12-38 动画预览

步骤5 原因分析。通过对物理图形类型的切换，查看动画效果，结果仍达不到真实的碰撞效果。对于柔体需要碰撞的物体桌子来讲，模型面数较多，计算比较浪费时间，因此，可以通过代理碰撞的方式来解决问题。

步骤6 解决问题。根据桌子模型创建桌面，选择圆柱体创建桌面代理物体，桌面尽量大一些，把原始桌面包裹起来，如图 12-39 所示。

图12-39 创建桌面

步骤7 重新选择桌子对象，把图形类型修改为自定义模式，在物理网格参数中单击 从场景中拾取网格 按钮，在场景中选择圆柱对象，如图 12-40 所示。

图12-40 重新设置桌子属性

步骤8 单击 MassFX 工具栏中的"播放"按钮，查看效果，碰撞成功，如图 12-41 所示。

图12-41 碰撞效果

步骤9 细节提升。在当前效果状态下选择桌布物体，在修改菜单中，单击捕捉状态下的"捕捉原始状态"按钮，设置桌布每次播放查看时的初始状态，如图 12-42 所示。

步骤10 为了让桌布的褶皱看起来更多一些。可以调整"纺织品物理特性"属性栏中的参数，如图 12-43 所示。

图12-42 设置初始状态

图12-43 调整桌布参数

> **技巧说明**
>
> 桌布效果在进行实际表现时可以多运算，将好看的状态设置为"捕获初始状态"，若桌腿和桌布的穿帮太严重时，建议多添加几个物理图形分别来放到桌腿的位置。

2. 实战应用：风吹窗帘

步骤1 场景建模。根据前面章节学习的建模知识创建基本场景，如图12-44所示。

图12-44 场景模型

步骤2 设置布料mCloth。选择场景中的窗帘对象，通过MassFX工具栏设置布料为mCloth对象，如图12-45所示。

图12-45 设置布料mCloth

步骤3 预览动画。单击MassFX工具栏中的"播放"按钮，查看初始效果，发现窗帘对象掉到地面，如图12-46所示。

图12-46 始初动画效果

步骤4 解决方法。在MassFX工具栏中单击按钮，将虚拟实体重置为其原始状态按钮，然后选择窗帘对象，在命令面板中切换到修改选项，展开mCloth前的"三角"，选择"顶点"编辑方式，如图12-47所示。

图12-47 选择"顶点"编辑方式

步骤5 单击并框选择窗帘上方的一部分顶点，在修改面板中点击"设定组"按钮，如图12-48所示。

图12-48 单击"设置组"按钮

步骤6 设置完成组操作以后，单击"节点"按钮，然后选择要连接的窗帘圆环对象，如图12-49所示。

步骤7 采用同样的操作和方法，将另外的点分别都连接到圆环上，如图12-50所示，在修改面板里能看到六个组的连接信息。

步骤8 重新选择mCloth，退出顶点模式，单击MassFX工具栏中的"播放"按钮，查看效果，从中可以看出只受重力影响，如图12-51所示。可以在场景中添加一个风的外部环境对象。

图12-49 选择要连接的窗帘圆环对象

图12-50 连接点

图12-51 动画预览效果

步骤9 在命令面板"新建"选项中选择空间扭曲选项的风对象，在场景中添加一个吹动窗帘的风因素，如图 12-52 所示。

图12-52 添加风对象

步骤10 在场景中调整风吹的方向和位置，让风的方向和窗帘的位置有一定的夹角，如图 12-53 所示。

步骤11 选择风对象，在命令面板"修改"选项中，调整风的强度值、湍流值和频率值等参数，让风的变化多一些，可以模拟得更加真实一些，如图 12-54 所示。

图12-53 调整风的位置和方向

图12-54 调整风的其他参数

步骤12 选择窗帘物体，在修改面板中找到力，添加场景中的风对窗帘产生影响，如图 12-55 所示。

图12-55 添加风对象

步骤13 在 MassFX 工具选项中更改刚体子步数，如图 12-56 所示。

步骤14 在场景中选择窗帘对象，对其参数进行进一步调整，如图 12-57 所示。

图12-56 更改刚体子步数

图12-57 调整窗帘参数

步骤15 将材质显示，单击 MassFX 工具栏中的"播放"按钮，查看效果，可以看到风把窗帘吹起飘动，如图 12-58 所示。

图12-58　窗帘最终效果

3. 实战应用：飘动的旗子

步骤1 场景建模。根据前面学习的建模知识创建基本场景，如图 12-59 所示。

图12-59　基本场景

步骤2 设置布料 mCloth。选择旗面对象，通过 MassFX 工具栏，将其设置为 mCloth 对象，如图 12-60 所示。

图12-60　设置布料mCloth对象

步骤3 在命令面板修改选项中，单击 mCloth 前面的"三角"，将其展开，选择顶点子编辑，选择靠近旗杆近一侧垂直的一列点，对其执行设置组操作，如图 12-61 所示。

图12-61　设定组操作

步骤4 激活节点连接，在场景中选择左侧旗杆，如图 12-62 所示。

图12-62　设置节点

步骤5 选择场景中的旗杆对象，对旗杆对象添加一个摆动的关键帧动画，如图 12-63 所示。

图12-63　添加关键动画

步骤6 单击 MassFX 工具栏中的"播放"按钮，查看基本动画效果，如图 12-64 所示。

图12-64　基本动画效果

步骤7 细节提升。在命令面板"新建"选项的"空间扭曲"选项中，添加风对象，如图12-65所示。

步骤8 选择风对象，在场景中调整风吹的方向和位置，如图12-66所示。

图12-65 添加风对象

图12-68 调整风参数

图12-66 调整风的位置和方向

步骤9 选择旗面对象，在修改面板中，添加力对象并在场景中拾取风图标，如图12-67所示。

图12-69 设置参数

步骤12 单击MassFX工具栏中的"播放"按钮，查看动画效果，效果若合适，即可进行烘焙，实现最终的动画效果，如图12-70所示。

图12-67 添加风对象

图12-70 最终动画效果

步骤10 在场景中，对风的参数进行部分微调，如图12-68所示。

步骤11 选择旗面对象，设置纺织品物理特性，如图12-69所示。

> **技巧说明**
>
> 广大读者在制作旗子动画时，可以对当前场景中的旗杆和旗面对象赋材质，可以实现旗子在风中摆动的效果，需要广大读者去发挥创作空间。

第13章 环境和毛发

本章知识点：
1. 环境和效果
2. 毛发Hair和Fur系统

　　3ds Max软件除了提供常见的动力学、动画基本操作以外，还提供了丰富的环境应用特效，通过环境特效可以模拟实现真实的雾效、火焰、体积光等特效，给广大软件使用者提供了丰富的创作空间。

　　通过软件自身附带的毛发系统，可以在制作角色时，添加真实的毛发效果，让设计师笔下的人物更加栩栩如生，赋予其更多的设计灵感。

13.1 环境和效果

3ds Max 软件中的环境特效，可以模拟 3D 环境中的场景特效，如雾、火焰等，环境特效所表现的效果，既可以是静止的效果图，也可以是动画。

13.1.1 界面认识

环境特效和效果在实际使用时，有时需要借助辅助对象才可以实现其要表现的具体效果，具体的使用方法可以参照本章的具体内容，下面先介绍其基本界面。

1. 界面开启

执行"渲染"→"环境"命令或按数字【8】键，弹出"环境和效果"对话框，如图 13-1 所示。

图13-1 "环境和效果"对话框

2. 功能简介

- 背景颜色：用于设置当前场景渲染时的背景颜色，可以根据实际情况添加环境贴图。在使用环境贴图时，贴图类型可以为球形环境、柱形环境和收缩包裹环境等类型。

- 全局照明：用于设置场景渲染时全局照明的颜色和倍增强度，需要开启光能传递效果时，全局照明设置的颜色才会起作用。

- 大气：可以通过"添加"按钮，往当前场景中添加照明效果的插件，如火焰、雾、体积雾和体积光等。

- 效果：可以在效果界面中添加毛发、毛皮、镜头光晕和景深等常见效果。

13.1.2 雾和体积雾

雾和体积雾都属于环境中常用的特效，可以把生活中的雾效很好地模拟出来，增加场景的真实程度。

1. 雾

步骤1 场景创建。根据前面学习的基础知识创建简单的场景，如图 13-2 所示。

步骤2 创建大气装置。在命令面板"新建"选项中单击"辅助对象"按钮，从下拉列表中选择"大气装置"选项，如图 13-3 所示。

步骤3 选择"长方体 Gizmo"按钮，在场景中单击并拖动鼠标，创建长方体大气装置，如图 13-4 所示。

图13-2 简单场景

第13章 环境和毛发

图13-3 选择"大气装置"选项

图13-4 创建长方体Gizmo

步骤4 添加雾。执行"渲染"→"环境"命令或按数字【8】键，弹出"环境和效果"面板，单击"添加"按钮，在弹出的界面中，双击"雾"特效，如图13-5所示。

图13-5 添加雾

步骤5 预览查看。按【Shift+Q】组合键，对当前场景进行渲染预览，如图13-6所示。

图13-6 渲染预览

步骤6 细节调整。场景中添加雾效果后，渲染时就会显示雾特效，可以根据实际需要对当前场景中的雾进一步调整，如图13-7所示。

图13-7 调整雾参数

2. 体积雾

步骤1 将上述雾的大气效果删除，在环境和雾界面中，再次添加体积雾特效，如图13-8所示。

图13-8 添加体积雾

步骤2 预览查看。按【Shift+Q】组合键，对当前体积雾效果进行渲染预览，如图13-9所示。

图13-9 体积雾渲染预览

步骤3 细节调整。选择场景中的"长方体Gizmo"对象，更改其基本尺寸，如图13-10所示。

图13-10 更改长方体Gizmo尺寸

175

步骤4 按【Shift+Q】组合键，对当前场景进行渲染，在长方体内部产生体积雾效果，如图13-11所示。

> **技巧说明**
>
> 在使用"长方体Gizmo"生成体积雾效果时，也可以先添加长方体Gizmo，在参数中直接通过大气来添加体积雾特效；或者在环境面板体积雾参数里单击"拾取Gizmo"按钮拾取。

图13-11 体积雾效果

13.1.3 体积光和镜头光晕

体积光通常用于模拟灯光的照射光束效果，增加场景空间的层次性和空间立体感。镜头光晕通常用于模拟小光圈下镜头对光源的反射效果。

1. 体积光

步骤1 场景创建。在场景中创建地面和两个简单茶壶对象，如图13-12所示。

图13-14 创建目标聚光灯

步骤4 在"环境和效果"对话框中单击"体积光参数"下面中的"拾取灯光"按钮，在场景中单击选择目标聚光灯，如图13-15所示。

图13-12 创建简单场景

步骤2 添加特效。执行"渲染"→"环境"命令，打开"环境和效果"对话框，单击"大气"选项区的"添加"按钮，从弹出的界面中添加体积光特效，如图12-13所示。

图13-13 添加体积光

步骤3 创建灯光。在命令面板"新建"选项的"灯光"选项中单击"目标聚光灯"，在场景中单击并拖动，创建聚光灯对象，如图13-14所示。

图13-15 拾取灯光

第13章 环境和毛发

步骤5 预览查看。按【Shift+Q】组合键，对当前场景进行效果的预览查看，如图13-16所示。

图13-16 渲染效果

步骤6 细节调整。在大气和效果面板中可以对当前体积光的效果进一步调整，使体积光效果更加真实和细腻，基本参数，如图13-17所示。

图13-17 体积光参数

2. 镜头光晕

步骤1 场景创建。在场景中任意创建一盏灯光，这里创建一盏泛光灯，如图13-18所示。

步骤2 选择当前灯光，切换到命令面板"修改"选项中，单击"大气和效果"卷展栏中的"添加"按钮，如图13-19所示。在弹出的界面中选择"镜头光晕"选项。

步骤3 单击"修改"面板中的"设置"按钮，对当前的镜头光晕进行设置，如图13-20所示。

图13-18 创建泛光灯

图13-19 单击"添加"按钮

图13-20 设置镜头光晕

步骤4 添加镜头参数。在"镜头效果参数"卷展栏下方选择"光晕"、"光环"、"射线"和"条

177

纹"选项，单击 > 按钮，添加到右侧窗口，如图 13-21 所示。

图13-21 添加镜头效果参数

步骤5 预览查看。对于场景中的灯光，可以通过预览查看光晕效果，如图 13-22 所示。

图13-22 渲染效果

13.1.4 实战：火焰

在实现动画效果时，对于场景中需要火焰来表现时，既可以通过外部的插件，也可以通过软件本身的火焰效果来实现，在此介绍通过 3ds Max 2025 软件自带的功能制作燃烧的火焰。

步骤1 场景建模。根据前面学习的基础建模知识，创建基本场景，如图 13-23 所示。

图13-23 基本场景

步骤 2 在命令面板"新建"选项的"辅助对象"选项下拉列表中选择大气装置，在场景中创建"球体 Gizmo"对象，如图 13-24 所示。

图13-24 创建球体Gizmo

步骤3 在命令面板"修改"选项中设置球体 Gizmo 的参数和大小，如图 13-25 所示。

图13-25 设置球体Gizmo参数和大小

步骤4 选择主工具栏中的"选择并缩放"工具，将容器调整成椭圆状，如图 13-26 所示。

步骤5 添加特效。在命令面板"修改"选项的"大气和效果"选项中点击"添加"按钮，在弹出的界面中添加火效果，如图 13-27 所示。

步骤6 创建灯光。在场景中添加两盏泛光灯并调整位置，如图 13-28 所示。

图13-26　调整容器形状

图13-27　添加火效果

图13-28　添加泛光灯

步骤7 预览查看。按【Shift+Q】组合键，对当前场景进行渲染，如图13-29所示。

图13-29　渲染场景

步骤8 细节调整。在命令面板"修改"选项的"大气和效果"卷展栏中单击"火效果"按钮，弹出"火效果参数"界面，对当前参数进行调整，如图13-30所示。

图13-30　调整火效果参数

步骤9 预览查看。按【Shift+Q】组合键，对当前场景再次进行渲染，如图13-31所示。

图13-31　渲染效果

步骤10 细节提升。单击动画控制区中的"自动关键点"按钮，然后将时间滑块移动到第100帧，修改相关参数，如图13-32所示，再次单击"自动关键点"按钮，将其关闭。

图13-32　更改参数

步骤11 单击主工具栏上的"渲染场景对话框"按钮，设置输出动画范围为0~100，如图13-33所示。

步骤12 按【Shift+Q】组合键，对当前场景进行动态渲染，截取火焰燃烧后的大火位置的画面，如图13-34所示。

图13-33 设置输出范围

> **参数分析**
>
> 颜色栏中用于设置火焰的颜色，从左到右依次为"内焰""外焰""烟"三类；"图形"栏中的"火焰类型"用于确定不同方向和形态的火焰；"拉伸"用于产生细长的火苗；"规则性"用于设定线框（Gizmo）内的填充情况；"特性"栏中用于设定火焰的尺寸和密度等相关参数；"动态"栏用于设定火焰动画的相关参数，"相位"表示火焰变化速度；"漂移"表示火苗的升腾快慢。

图13-34 截取动态画面

13.2 毛发Hair和Fur系统

毛发系统是3ds Max软件中重要的应用功能之一，对于角色建模或是动画场景都有着极其重要的作用，特别是从2014以后的版本中，该功能有了明显的提升与改进，在3ds Max 2025版本中，毛发系统的添加与编辑，更符合设计师的使用规范，在软件开启GPU功能后，可以在场景默认的"真实"显示模式中预览当前毛发的效果。

下面通过两个案例的制作来介绍毛发Hair和Fur系统。

13.2.1 实战：毛绒玩具熊

通过毛绒玩具熊的制作，介绍毛发Hair和Fur系统的使用方法。

步骤1 场景制作。根据前面学习的建模知识创建基本场景，如图13-35所示。

步骤2 在当前场景中创建目标聚光灯，调整位置，如图13-36所示。

步骤3 在场景中创建一盏泛光灯来整体照明场景亮度，泛光灯的位置，如图13-37所示。

步骤4 选择泛光灯，在命令面板"修改"选项中开启"阴影"选项，如图13-38所示。

图13-35 卡通熊玩具

图13-36　创建聚光灯

图13-37　创建泛光灯

图13-38　启用阴影

步骤5 按【Shift+Q】组合键，对当前场景使用默认的线扫描进行渲染，如图13-39所示。

图13-39　渲染结果

步骤6 选择玩具熊对象，在命令面板"修改"选项中，添加"Hair 和 Fur（WSM）"命令，如图13-40所示。

图13-40　添加毛发系统

步骤7 添加毛发命令后，可以看到场景中的毛发效果，对其进行简单渲染，如图13-41所示。

图13-41　渲染毛发效果

步骤8 细节提升。在命令面板的"修改"选项中选择"常规"选项，在弹出的"常规"面板中对参数进行更改，如图13-42所示。

图13-42　更改常规参数

步骤9 再次按【Shift+Q】组合键，进行场景渲染，查看毛发长度和密度效果，如图13-43所示。

图13-43　毛发长度和密度效果

步骤10 更改毛发的材质，设置梢和根的颜色，更改高光数值，如图13-44所示。

图13-44　更改材质

步骤11 预览查看。按【Shift+Q】组合键进行渲染，如图13-45所示。对于毛发的效果已经达到所需要的长度，只是由于毛发过长，对于眼睛等部位造成遮挡，需要进一步修改细节。

图13-45　渲染效果

步骤12 修改细节。在命令面板"修改"选项中单击"设计"参数下的"设计发型"按钮，单击发梳按钮和比例按钮，在场景中对眼睛部位进行单击并拖动，调整毛发的长度，再次按【Shift+Q】组合键，对当前场景进行渲染，如图13-46所示。

图13-46　最终渲染效果

> **注意事项**
>
> 在用发梳对场景中的物体进行涂抹时，需要选中"忽略背面毛发"复选框，防止涂抹时影响模型后面的毛发区域。

13.2.2　实战：人物头发

人物头发在制作时，除了常见的毛发之外，还需要附加重力等空间扭曲对象，达到符合现实生活的特点。

步骤1 人物建模。根据前面学习的基础建模来创建头像，如图13-47所示。

图13-47 人物模型

步骤2 将当前视图切换到左视图，选择人物头像，右击，把模型转换为可编辑多边形状态，如图13-48所示。

图13-48 可编辑多边形

步骤3 按数字【4】键，选择要生长头发的多边形区域，单击参数中的"分离"按钮，以克隆对象分离模式，如图13-49所示。

图13-49 分离对象

步骤4 添加毛发系统。选择添加头发的区域，在命令面板"修改"选项中添加"Hair和Fur（wsm）"命令，按【Shift+Q】组合键，查看默认效果，如图13-50所示。

图13-50 查看默认毛发效果

步骤5 提升细节。在命令面板"修改"选项中，单击设计选项中的"设计发型"按钮，从下面的参数中，通过顶点、发梳和比例等按钮，进行发型调整，如图13-51所示。

图13-51 调整发型

步骤6 将鼠标置于头发上，调整笔刷大小，单击并拖动鼠标，往左方向是变小头发，往右方向是变大头发，我们的目的是变大，因此，往右方向调整头发效果，如图13-52所示。

图13-52 调整头发大小

步骤7 头发绘制完成后，点击完成设计按钮，切换到动力学卷展栏，选中动力学模式为"现场"，"重力"为3，"刚度"为0，"根控制"为0，"衰减"为0，如图13-53所示。

图13-53　更改动力学参数

图13-55　添加碰撞后的效果

步骤8 此时可以发现，在当前场景中，头发受重力影响，可以自然下垂，如图13-54所示。

图13-56　调整数值

图13-54　头发自然下垂

步骤9 在碰撞参数中选择"多边形"，单击"添加"按钮，在场景中单击选择人物头部对象，此时效果比较真实，如图13-55所示。

步骤10 在常规参数中，调整置换数值，可以解决头发根部和头皮的穿帮问题，如图13-56所示。

图13-57　毛发效果

步骤11 此时当前场景中的毛发效果比较真实，如图13-57所示。

步骤12 修剪毛发。在当前场景的运动状态下，选择较好的1帧，再次单击"设计发型"按钮，在命令面板中选择"剪毛发"按钮，在左视图中进行修剪，如图13-58所示。

第13章 环境和毛发

图13-58 修剪毛发

> **注意事项**
>
> 设计头发的过程中可以只以黄色的导向线为主参考进行设计，头发的生成是以导向线为参考的，默认数值下，头发和导向线匹配效果有一定的不同步，此时可在常规参数中修改一下数值，使二者同步。若想同步效果更匹配得更完美，建议在使用毛发命令之前加模型网格平滑，以让物体的面更多一些。

步骤13 选择"忽略背面毛发"选项，继续使用"剪毛发"工具对人物面部进行设计，让头发不要遮挡眼睛，修剪的过程中还是以黄色导向线为参考，不要以头发为参考，如图13-59所示。

图13-59 头发修剪前后对比

步骤14 更改头发的选择方式为"由头梢选择毛发"，可以看到导向线的梢部出现了控制点，如图13-60所示。

图13-60 更改头发选择方式

步骤15 单击"发梳"按钮和"平移"按钮，以黄色导向线为参考对头发进行梳理，如图13-61所示。

图13-61 梳理后头发

步骤16 修改完头发的发型后，单击"完成设计"按钮，退出发型基本设计操作，对常规参数进行调整，如图13-62所示。

步骤17 按【Shift+Q】组合键，对头发进行基础渲染，如图13-63所示。

图13-62　更改常规参数

> **技巧说明**
>
> 通过上面的调整，人物头发效果基本实现，若要得到更好的效果，可以从增加人物模型的网格平滑、调整毛发的材质和颜色、对发型进行调节等方面入手，让调整后的效果更加符合现实生活中的毛发效果。

图13-63　对头发进行基础渲染后效果

第14章 粒子特效

本章知识点：
① 粒子系统
② 粒子流源

在3ds Max软件中，为模拟现实中的水、火、雾、气等效果，可以通过粒子系统将无数单个粒子组合使其呈现出固定形态，借由控制器、脚本来控制其整体或单个的运动，模拟出现真实的效果。

14.1 粒子系统

粒子流系统是 3ds Max 在 6.0 以后版本加入的节点式粒子工具，3ds Max 本是一款插件式软件，故其易用性强，但灵活性稍差。粒子流系统的加入让 3ds Max 在节点性上实现了突破。

粒子流系统更像是一种可视化编程工具，其对事件的判断更加强化使用者的逻辑思维。其灵活而强大的功能可以让用户轻松地创造出令人炫目的特效。如今粒子流建模、动画已经广泛应用于影视、广告、视频包装等可视化项目中。

粒子系统是一个相对独立的系统集合，它包含了全部的发射装置，定义了场景中的粒子行为规则。粒子系统主要是用来创建雨、雪、爆炸、灰尘、泡沫、火花、气流等效果。它还可以将任何造型作为粒子，用来表现成群的蚂蚁、热带鱼、吹散的蒲公英种子等动画效果。粒子系统主要用于表现动态的效果，与时间速度的关系非常紧密，一般用于动画制作。

14.1.1 雪

通过上面的内容介绍，对于没有基础的人员来讲可能已经看得有点儿摸不着头脑，没有关系，等了解了粒子的知识以后，再去理解上面的简介内容，下面通过实际案例，来让我们对粒子有一个全面的认识。

在粒子系统中，主要包括雪粒系统、暴风雪、喷射、超级喷射等。

1. 雪粒系统

步骤1 在命令面板"新建"选项中，从下拉列表中选择"粒子系统"选项，在其下面的选项区域单击"雪"按钮，如图 14-1 所示。

图14-1 粒子创建

图14-2 创建矩形

步骤2 在顶视图中单击并拖动，创建矩形雪粒发射器，如图 14-2 所示。

步骤3 单击动画控制区的 ▶ 按钮，查看当前雪粒系统的效果，如图 14-3 所示。

图14-3 雪

步骤4 打开雪的图像，单击并拖动到透视图中，即可以作为当前视图的背景，如图 14-4 所示。

图14-4 导入背景

第14章 粒子特效

步骤5 选择雪发射器物体，在前、左视图中调整位置，按【G】键，将透视图中的网格关闭，单击动画控制区的"播放"按钮，四个视图同时进行预览，如图14-5所示。

图14-5 预览

图14-6 更改雪参数

2. 参数说明

在进行雪粒加载时，可以更改其参数，调整雪的效果，如图14-6所示。

- 粒子：当前选项用于设置雪花大小、下落速度、数量和雪花的形态。
- 渲染：用于设置雪粒系统在渲染时的形态，通常为六角形。
- 计时：用于设置雪花粒子的生命周期。

14.1.2 暴风雪

暴风雪粒子效果与雪粒子效果类似，但比雪粒子实现的效果要强大很多，它们都在粒子系统中，如图14-7所示。

图14-7 暴风雪

图14-8 基本参数

1. 参数说明

暴风雪的参数比普通雪的参数更多，通过参数可以实现更多的效果，虽然名字为暴风雪，但实现的效果并不局限于暴风雪。

- 基本参数：在"基本参数"选项中，可以改变发射器的尺寸大小和在视图里查看的状态效果，如图14-8所示。
- 粒子生成：在"粒子生成"选项中可以进行粒子数量、速度、寿命、发射时间和粒子大小等设置，如图14-9所示。
- 旋转和碰撞：在"旋转和碰撞"选项中，可以控制粒子的旋转和旋转的不同样式，并且可以模拟粒子碰撞效果，如图14-10所示。
- 对象运动继承：在"对象运动继承"选项中，设置对象运动的继承属性，如图14-11所示。

189

图14-9 粒子生成

图14-10 旋转和碰撞

图14-11 对象运动继承

- 粒子繁殖：在"粒子繁殖"选项中，设置当粒子发生碰撞以后，繁殖出来的粒子的相关属性，如图 14-12 所示。

图14-12 粒子繁殖

- 常规预设：在"加载/保存预设"选项中，可以保存当前复杂的设置存储，方便再次使用时可以直接加载，如图 14-13 所示。

图14-13 预设

2. 粒子替换

暴风雪并不是只能模拟雪的效果。渲染的时候，可以看到雪粒子是可以调成不同的多边形形态的，如图14-14所示。

图14-14　不同效果

首先，在场景中创建暴风雪粒子和要替换的对象，如图14-15所示。

图14-15　创建场景

其次，选择粒子对象，在命令面板"修改"选项中，设置"粒子类型"为"实例几何体"，单击场景中的"茶壶"对象，拾取茶壶，如图14-16所示。

图14-16　拾取茶壶

按【Shift+Q】组合键，查看渲染结果，此时发现粒子变成了茶壶对象，如图14-17所示。

图14-17　粒子替换

14.1.3　粒子云

粒子云系统只能在规定的空间内产生粒子造型，其空间可以是立方体、柱体和球体。通俗地来讲，粒子云是体积发射器。前面介绍的雪和暴风雪都是面发射器。

1. 创建粒子云

在命令面板"新建"选项中，从下拉列表选择"粒子系统"选项，单击"粒子云"按钮，在参数"粒子分布"中设置粒子云的形状，在视图中单击创建，如图14-18所示。

2. 参数说明

粒子云系统中的卷展栏参数，如图14-19所示。广大读者可以自行查看一下，与前面的"暴风雪"类似，在此不再赘述。

图14-18　粒子云

图14-19　粒子云参数

14.1.4　喷　　射

喷射粒子系统可以模拟下雨效果，喷射的参数和雪粒子系统的参数类似，只是粒子形态上有所不同。

1. 创建喷射

在命令面板"新建"选项中，从下拉列表中选择"粒子系统"选项，单击"喷射"按钮，在视图中单击创建，如图14-20所示。

图14-20　创建喷射

2. 参数说明

对于喷射粒子的参数相对简单，如图14-21所示。在此不再赘述。

图14-21　喷射参数

14.1.5　超级喷射

超级喷射粒子可以模拟下雨或喷泉的效果，该粒子与"暴风雪"系统差不多，只是在卷展栏中多了一个"气泡运动"选项参数组。

1. 创建超级喷射

在命令面板"新建"选项中，从下拉列表中选择"粒子系统"选项，单击"喷射"按钮，在视图中单击并拖动，完成超级喷射的创建，如图14-22所示。

2. 参数说明

与"暴风雪"的参数类似，在此不再赘述。主要看一下"气泡运动"参数，如图14-23所示。

第14章 粒子特效

图14-22 超级喷射

图14-23 "气泡运动"参数

"气泡运动"参数，主要用于设置模拟气泡运动效果。

14.1.6 粒子阵列

粒子阵列是以一个三维对象为发射器向外发射的粒子系统，粒子可以是标准几何体，也可以是其他网格对象，还可以是其自身表面。总之，该粒子系统是基于一个三维物体上的发射器。

按照与前面方法类似的操作创建粒子阵列，如图 14-24 所示。其参数相对简单，在此不再赘述。

图14-24 粒子阵列

14.2 粒子流源

前面的基础粒子，如雪、暴风雪、喷射、超级喷射和粒子阵列等，它们都有一个共同的特点就是放射器，都可以调整粒子和发射器，以影响最终的效果。

粒子流源是一个万能的粒子系统，在 3ds Max 2021 以后的版本中，该功能得到质的飞跃和提升，可以实现更为复杂和美观的粒子效果。

粒子流源的功能已经不再是单一的粒子系统，而是通过功能的添加、事件的编辑来控制粒子的播放等操作。

14.2.1 创建粒子流源

在命令面板"新建"选项中，从几何体下拉列表中选择"粒子系统"选项，单击"粒子流源"按钮，在场景中单击并拖动，创建粒子流源，如图 14-25 所示。

图14-25 创建粒子流源

此时，在当前视图中，并没有太多的参数和效果，对于"粒子流源"的编辑，需要通过"粒子视图"来实现。

单击参数中的 粒子视图 按钮或按数字【6】键，弹出"粒子视图"对话框，如图14-26所示。

图14-26 "粒子视图"对话框

14.2.2 参数说明

- 菜单栏：提供了用于编辑、选择、调整视图及分析粒子系统的功能。
- 事件显示：包含粒子图表，并提供修改粒子系统的功能。

要将某动作添加到粒子系统中，请将该动作从仓库拖动到事件显示中。如果将其放置到事件显示的空白区域，则会创建一个新事件。如果将其拖动到现有事件中，则其结果取决于放置该动作时显示的是红线还是蓝线。如果是红线，则新动作将替换原始动作。如果是蓝线，则该动作将插入列表中。

要编辑动作的参数，请在事件中单击此动作的名称。参数将显示在"粒子视图"的右侧。

事件与事件直接是可以连接的，若要将测试与事件关联，请从测试输出中将绿色圆圈拖动至事件输入（其从顶部伸出）；也可以将输入拖动至输出。同样，通过在全局事件底部的源输出和事件输入之间拖动，可以将全局事件与出生事件关联，如图14-27所示。

图14-27　事件关联

- **仓库**：仓库中包含所有"粒子流"动作，以及几种默认的粒子系统。要查看项目说明，请单击仓库中的项目。要使用项目，请将其拖动到事件显示中。仓库中内容可划分为操作符、测试和流三个类别。

- **导航器**：导航器窗口在事件显示的右上角显示，可以理解成事件排列的缩略图，如图14-28所示。

图14-28　导航器

- **参数面板**：当选择事件之后，在粒子视图的右边有"参数"面板，包含多个卷展栏，用于查看和编辑任何选定动作的参数。基本功能与3ds Max命令面板上的卷展栏的功能相同，包括快捷菜单的使用。

- **描述面板**：将高亮显示的仓库项目进行简短说明。

- **显示工具**：用于将事件显示在窗口之中。

- **参数**：当在左侧列表中选择事件之后，在粒子视图的右边有"参数"面板，包含多个卷展栏，用于查看和编辑任何选定动作的参数。基本功能与3ds Max 2021命令面板上的卷展栏的功能相同，包括快捷菜单的使用。

> **说明：概念解释**
>
> 第一个事件称为全局事件，因为它包含的任何操作符都能影响整个粒子系统。全局事件总是与"粒子流"图标的名称一样，默认为"粒子流源"（以01开始并且递增计数）。跟随其后的是出生事件，如果系统要生成粒子，它必须包含"出生"操作符。默认情况下，出生事件包含此操作符及定义系统初始属性的其他几个操作符。可以向粒子系统添加任意数量的后续事件，出生事件和附加事件统称为局部事件。之所以称为局部事件是因为局部事件的动作通常只影响当前处于事件中的粒子。
>
> 使用测试来确定粒子何时满足条件，可离开当前事件并进入不同事件中。为了指明下面它们应该进入何处，应该关联测试至另外一个事件。此关联定义了粒子系统的结构或流。
>
> 默认情况下，事件中每个操作符和测试的名称后面是其最重要的一个设置或多个设置（在括号中）。事件显示上面是菜单栏，下面是仓库，它包含粒子系统中可以使用的所有动作，以及默认粒子系统的选择。

14.2.3　面板参数

在创建完成"粒子流源"对象后，在命令面板选项中可以查看参数，如图14-29所示。

- **粒子视图**：单击该按钮可以打开粒子视图界面。

- **发射**：用于设置发射器（粒子源）图标的物理特性，以及渲染时视口中生成的粒子的百分比。

- **徽标大小**：设置显示在源图标中心的粒子流徽标的大小，以及指示粒子运动的默认方向的箭头。

图标类型的直径。

- 宽度：设置"矩形"和"长方体"图标类型的宽度。不适用于"圆形"和"球体"图标类型。

- 高度：设置"长方体"图标类型的高度。仅适用于"长方体"图标类型。

- 显示徽标/图标：分别打开和关闭徽标（带有箭头）和图标的显示。

> **注意事项**
>
> 以上参数的设置仅影响这些项的视口显示，不会影响实际渲染的粒子系统。

图14-29　参数面板

默认情况下，徽标大小与源图标的大小成比例；使用此控件，可以对其进行放大或缩小。该设置仅影响徽标的视口显示；因此，更改此设置不会影响粒子系统。

- 图标类型：选择源图标的基本几何体包括矩形、长方体、圆形或球体。默认设置为矩形。

仅当将源图标作为粒子发射器时，此选项才起作用。可用的大小设置取决于所选择的图标类型，而且仅当将源图标作为发射器时，大小设置才有意义。

默认的图标类型为"矩形"。如果添加了粒子系统，然后将图标类型更改为"长方体"，则图标仍类似于矩形。要使其看起来像长方体，请增加"高度"设置。

- 长度/直径：设置"矩形"和"长方体"图标类型的长度及"圆形"和"球体"

- 数量倍增：这些设置可确定渲染时在视口中实际生成的每个流中粒子总数的百分比。它们不影响可见粒子的百分比；可见粒子的百分比由"显示"操作符和"渲染"操作符确定。此外，使用这些设置可以快速并一致地减少或增加粒子系统中所有事件的粒子数。使用最大设置10000%可以将流生成的粒子数增加100倍。

粒子总数由下列操作符和测试的组合效果确定：出生、出生脚本、删除、碰撞繁殖和繁殖。脚本化操作符和测试也影响粒子总数。

- 视口：用于设置系统中在视口内生成的粒子总数的百分比。默认值为50.0。范围为0.0~10000.0。

- 渲染：用于设置系统中在渲染时生成的粒子总数的百分比。默认值为100.0。范围为0.0~10000.0。

14.2.4　选择卷展栏

默认时当前卷展栏合并，需要将其展开，如图14-30所示。

选择卷展栏：可使用这些控件基于每个粒子或事件来选择粒子。事件级别粒子的选择用于调试和跟踪。在"粒子"级别选定的粒子可由"删除"操作符、"组选择"操作符和"拆分

选定项"测试操纵。无法直接通过标准的3ds Max工具（如"移动"和"旋转"）操作选定粒子。

- 粒子：用于通过单击粒子或拖动一个区域来选择粒子。

- 事件：用于按事件选择粒子。在此层

图14-30　展开卷展栏

级，可以通过高亮显示"按事件选择"列表中的事件或使用标准选择方法在视口中选择一个或多个事件中的所有粒子。要将一个选择从"事件"级别转化为"粒子"级别，以便"删除"操作符或"拆分选定项"测试使用，请使用从事件级别获取。

选定粒子以红色（如果不是几何体）显示在视口中，并采用"显示"操作，"选定"设置指定的形式。

- 按粒子ID选择：每个粒子都有唯一的ID号，从第一个粒子使用1开始，并递增计数。使用这些控件可按粒子ID号选择和取消选择粒子。仅适用于"粒子"选择级别。

- 添加：设置完要选择的粒子的ID号后，单击"添加"可将其添加到选项中。默认情况下，选择一个粒子并不会取消选择其他粒子。

- 移除：设置完要取消选择的粒子的ID号后，单击"移除"按钮可将其从选项中移除。

- 清除选择：启用后，单击"添加"选择粒子会取消选择所有其他粒子。

14.2.5　系统管理

将"系统管理"卷展栏展开，如图14-31所示。

图14-31　系统管理

粒子数量：

- 上限：系统可以包含粒子的最大数目。默认设置为100 000。范围从1到10 000 000。

- 提示：通过使用多个粒子源并将其与同一出生事件关联，可以在单个系统中具有多于10 000 000个粒子。

> **注意**
>
> 对于每个事件，粒子流最多只能向渲染器发送5 000 000个粒子。

积分步长：

对于每个积分步长，粒子流都会更新粒子系统，将每个活动动作应用于其事件中的粒子。较小的积分步长可以提高精度，却需要较多的计算时间。这些设置可以使您在渲染时对视口中的粒子动画应用不同的积分步长。

大多数情况下，使用默认"积分步长"设置即可。当应该与导向板碰撞的快速移动的粒子穿透导向板时，增加实例中的积分步长频率可能会很有帮助。

- 视口：设置在视口中播放的动画的积分步长。默认设置为"帧"（每个动画帧一次）。范围为"八分之一帧"至"帧"。

- 渲染：设置渲染时的积分步长。默认设置为"半帧"（每个动画帧两次）。范围为"1Tick"至"帧"。每秒有4，800个Tick；因此，若以每秒30帧的NTSC视频速率播放，则每帧有160个Tick。

14.2.6 脚本

脚本卷展栏展开后，显示具体的参数设置，如图 14-32 所示。

图14-32 脚本

该卷展栏可以将脚本应用于每个积分步长及查看的每帧的最后一个积分步长处的粒子系统。使用"每步更新"脚本可设置依赖于历史记录的属性，而使用"最后一步更新"脚本可以设置独立于历史记录的属性。

- 启用脚本：启用它可以按每积分步长执行内存中的脚本。可以通过单击"编辑"按钮修改此脚本，或者使用此组中其余控件加载并使用脚本文件，默认脚本将修改粒子的速度和方向，从而使粒子跟随波形路径。

- 编辑：单击此按钮可以打开具有当前脚本的文本编辑器窗口。

当"使用脚本文件"处于禁用状态时，这是默认的"每步更新"脚本（3dsmax\scripts\particleflow\example-everystepupdate.ms）。当"使用脚本文件"处于启用状态时，如果已加载一个脚本，则这是加载的脚本。如果未加载脚本，单击"编辑"将显示"打开"对话框。

使用脚本文件：当此项处于启用状态时，可以通过单击下面按钮加载脚本文件。

按钮：单击此按钮可显示"打开"对话框，可通过此对话框指定要从磁盘加载的脚本文件。加载脚本后，脚本文件的名称将出现在按钮上。

最后一步更新：

当完成所查看或渲染的每帧的最后一个积分步长后，执行"最后一步更新"脚本。例如，在关闭"实时"的情况下，如果在视口中播放动画，则在粒子系统渲染到视口之前，粒子流会立即按每帧运行此脚本。但是，如果只是跳转到不同帧，则脚本只运行一次，因此，如果脚本采用某一历史记录，就可能获得意外结果。

因此，最好使用"最后一步更新"脚本来修改依赖于历史记录的属性。例如，如果系统中的操作符都不依赖于材质索引，则可以使用它来修改材质索引。在这种情况下，不必在每个中间积分步长中都设置那些索引。此外，如果知道位置的解析表达式，也可以在"最后一步更新"脚本中设置位置通道。

- 启用脚本：启用它可引起在最后的积分步长后执行内存中的脚本。可以通过单击"编辑"按钮修改此脚本，或者使用此组中其余控件加载并使用脚本文件。

默认脚本将修改粒子的速度和方向，从而使粒子跟随灯泡形路径。

- 编辑：单击此按钮可打开具有当前脚本的文本编辑器窗口。

当"使用脚本文件"处于禁用状态时，这是默认的"最后一步更新"脚本（3dsmax\scripts\particleflow\example-finalstepupdate.ms）。当"使用脚本文件"处于启用状态时，如果已加载一个脚本，则这是加载的脚本。如果未加载脚本，单击"编辑"将显示"打开"对话框。

- 使用脚本文件：当此项处于启用状态时，可以通过单击下面按钮加载脚本文件。

单击"按钮"按钮可显示"打开"对话框，可通过此对话框指定要从磁盘加载的脚本文件。加载脚本后，脚本文件的名称将出现在按钮上。

第15章 综合动画案例：自由飘落的花瓣、乱箭齐发、色块的运动

本章知识点：

1. 自由飘落的花瓣
2. 乱箭齐发
3. 色块的运动

通过前面动画和粒子部分的学习，让广大读者对动画所用到的部分有了认识和了解。在本章中将通过几个综合的实例，帮助读者进一步巩固前面的知识内容。

15.5 综合案例：自由飘落的花瓣

根据一片花瓣的模型，通过 3ds Max 的粒子系统，实现大量花瓣的自由飘落动画。通过粒子系统方便控制动画的自由效果。

15.1.1 动画准备

在进行自由飘落动画制作前，需要在场景中创建符合动画要求的模型，同时需要给其添加花瓣的材质效果。

步骤1 通过多边形建模的方式创建花瓣模型，如图 15-1 所示。

图15-1 花瓣

图15-2 视口背景

步骤2 导入视口背景，在透视图中，按【Alt+B】组合键，弹出视口背景对话框，如图 15-2 所示。

步骤3 单击"文件"按钮，选择背景文件，单击确定按钮，完成背景导入，如图 15-3 所示。

图15-3 背景文件

15.1.2 粒子系统特效

在进行自由飘落动画时，我们使用的是"粒子流源"系统，可以更加方便地控制粒子的各种动作事件，包括生命周期、繁殖等影响动画效果的不同事件。

1. 创建粒子

步骤1 在命令面板"新建"选项中，从下拉列表中选择"粒子系统"选项，单击"粒子流源"按钮，在顶视图中单击并拖动，创建发射器，如图 15-4 所示。

步骤2 在前视图或左视图中，调整发射器的位置，使其置于花瓣的上方位置，如图 15-5 所示。

图15-4 创建发射器

第15章 综合动画案例：自由飘落的花瓣、乱箭齐发、色块的运动

图15-5 调整发射器位置

图15-8 拾取花瓣

2. 匹配花瓣

步骤1 按数字【6】键，打开粒子视图，进行粒子设置，如图15-6所示。

3. 粒子替换

在粒子视图面板中，单击"显示003"事件，将右侧参数的显示类型更改为几何体，此时粒子显示为花瓣造型，如图15-9所示。

图15-6 粒子设置

图15-9 花瓣造型

4. 局部调节

步骤1 在进行花瓣大小更改时，只需要设置粒子的尺寸即可，选择"图形实例"，在右侧的参数中直接更改比例和变化即可，如图15-10所示。完成最后的调整效果，如图15-11所示。

步骤2 将形状事件选中，按【Del】键，将"形状002"替换成"图形实例001（无）"，如图15-7所示。

图15-10 更改比例变化

图15-7 替换形状

步骤3 选择图形实例，在面板右侧的参数中，单击"粒子几何体对象"按钮中的"无"按钮，在透视图中单击选择花瓣对象，如图15-8所示。

图15-11 调整结果

步骤2 选择最初的花瓣模型，右击，从弹出的屏幕菜单中选择"隐藏选定对象"操作。

5. 细节调整

调整花瓣数量：在粒子视图中，选择"出生002"事件，在右侧的参数中将数量设置为300。

- 调整下落程度：在粒子视图中选择事件面板，单击"速度002"，将速度设置为10，变化调整为20。

- 调整下落自旋：在粒子视图中，选择自旋事件，将自旋速率改为180，变化调整为180。

- 创建风场：在命令面板"新建"选项中，选择"空间扭曲"按钮，从下拉列表中选择"力"对象，单击"风"按钮，如图15-12所示。

图15-12 风

步骤1 在左视图中单击并拖动，创建风对象，在前视图中，调整风的位置，如图15-13所示。

图15-13 调整风的位置

步骤2 在粒子视图中添加"力"，单击"力"，单击右侧面板中的"添加"按钮，在场景中单击选择风对象，如图15-14所示。选择场景中的风对象，设置风强度为0.1。

图15-14 添加风

步骤3 单击动画控制区的▶按钮，查看场景中花瓣的自由飘落效果。

15.2 实战案例：乱箭齐发

本案例制作乱箭齐发的效果，遇到强硬障碍物时，可以出现折断的效果。模拟出现实生活中的真实效果，在动画调节时，使用了替换粒子的方式，也是我们在真实效果中不可缺少的。

15.2.1 创建真实场景

通过前面建模的学习，分别创建完整箭和中间断开箭的造型。分别将各自的内容成组，方便后续选择和编辑操作。

步骤1 通过前面学习的建模知识，创建完整的箭和折断的箭，如图15-15所示。

步骤2 在场景中还要制作一个平台和一个盾牌，让箭头射击的地方尽量远离粒子发射器。因为箭是会在空中飞行一段距离的，如图15-16所示。

第15章 综合动画案例：自由飘落的花瓣、乱箭齐发、色块的运动

图15-15 创建箭模型

图15-16 场景

15.2.2 创建动画装备

在基本模型创建完成以后，需要添加符合当前场景的动画装备，在本案例中仍然使用的是"粒子流源"动画装备，通过调节不同的粒子事件，实现模型的替换操作。

1. 创建

步骤1 在命令面板"新建"选项中，从几何体下拉列表中选择"粒子系统"选项，单击"粒子流源"按钮，在左视图中单击并拖动，如图 15-17 所示。

图15-17 创建粒子流源

步骤2 调整发射器和盾牌之间的位置，如图 15-18 所示。

图15-18 调整位置

2. 粒子替换完整箭头

步骤1 按数字【6】键，打开粒子视图，按上一个案例"自由飘落动画"的方式，完成粒子替换，如图 15-19 所示。

图15-19 粒子替换

步骤2 选择事件中的旋转方式，在右侧方式中将方形矩阵的参数更改为"速度空间跟随"，此时，箭头的方向为正确，如图 15-20 所示。

图15-20 正确的箭头方向

3. 添加重力

步骤1 在命令面板"新建"选项中，单击"空间扭曲"按钮，从下拉列表中选择"力"对象，单击"重力"按钮，如图 15-21 所示。

203

图15-21　单击"重力"按钮

步骤2　在顶视图中单击并拖动创建重力对象，在粒子视图中添加"力"图标，单击"添加"按钮，在场景中单击拾取重力控制器，单击"播放"按钮，查看箭头效果。

步骤3　对于箭头的速度，可以根据实际需要更改粒子视图中的速度选项，在此不再赘述。

4. 调整发射角度

在前视图中，选择粒子发射对象，通过旋转工具对其进行适当旋转，将乱箭落地的位置调整到盾牌位置，如图15-22所示。

图15-22　调整位置

5. 碰撞效果

步骤1　在粒子视图中，单击选择"碰撞"图标并将其拖动到事件窗口的下端，如图15-23所示。

图15-23　添加碰撞事件

步骤2　在命令面板"新建"选项中，单击"空间扭曲"按钮，从下拉列表中选择"导向器"选项，单击"全导向器"按钮，如图15-24所示。

图15-24　单击"全导向器"按钮

在透视图中单击创建全导向器对象，如图15-25所示。

图15-25　创建全导向器

步骤3　选择全导向器对象，在命令面板"修改"选项中单击"拾取对象"按钮，如图15-26所示。在场景中单击选择盾牌物体，实现全导向器与盾牌的绑定。

图15-26　拾取对象

步骤4　打开粒子视图，选择"碰撞"图标，在右侧的参数面板中选择导向器即可。在进行场景播放时，发现当箭遇到盾牌时，会出现反弹效果，如图15-27所示。

图15-27　反弹效果

15.2.3 动画细节调整

通过前面的实例和操作，基本的动画效果已经实现，但是与现在生活中的效果来对比一下就会发现，部分效果不真实，需要添加"繁殖"操作。实现箭头碰到盾牌反弹之后变成折断的效果。

1. 添加繁殖

步骤1 单击"繁殖"图标，将其拖动到粒子视图，使其生成一个单独的事件，如图15-28所示。

图15-28　添加事件

步骤2 单击，将"碰撞事件"和"繁殖事件"连接起来，如图15-29所示。

图15-29　事件连接

步骤3 在进行场景播放时，发现箭在遇到盾牌反弹之后，显示为粒子状态，如图15-30所示。

图15-30　粒子状态

在繁殖事件中，将粒子类型改为几何体，在播放时，可以看到反弹之后转换为其他颜色对象，如图15-31所示。

图15-31　繁殖几何体

步骤4 将图形实例添加到繁殖事件中，在参数"粒子几何对象"中单击"无"按钮，选择已经"群组"过的断箭和箭头对象，动画播放，如图15-32所示。

图15-32　播放断箭效果

步骤5 在繁殖事件中，选中图形实例下的"组成员"选项，如图15-33所示。

图15-33　组成员

步骤6 在繁殖事件中，添加旋转，并设置方向矩阵为"随机3D效果"，查看播放效果，如图15-34所示。

图15-34 旋转事件

2. 全导向器

在场景中添加全导向器，让碰到盾牌产生的断箭和没有碰到盾牌下落的箭都落在地面上。

步骤1 在场景中创建全导向器，在命令面板"修改"选项中单击"拾取对象"按钮，选择地面对象，如图15-35所示。

图15-35 拾取地面

步骤2 在第一个事件中再次添加一个碰撞事件，单击拾取第二个导向器，如图15-36所示。

图15-36 碰撞事件

播放动画之后，地板具有反弹效果，如图15-37所示。

图15-37 地面反弹

步骤3 单击 锁定/粘着 按钮，拖动窗口为一个事件，找到第二个碰撞事件，将其连接到"锁定/粘着"事件，如图15-38所示。

图15-38 连接事件

步骤4 选择锁定/粘贴着事件，将"显示011"改为"几何体"，单击"锁定/粘着"事件，在参数中，单击"添加"，拾取场景中的地板对象，进行动画播放查看效果，如图15-39所示。

图15-39 播放效果

15.3 实战案例：色块的运动

色块运动的动画，可以实现受外界力量整个破碎且自动向前移动后倒下的效果，真实的位置移动和瞬间的破碎，将外界力量的撞击表现的惟妙惟肖。

通过控制长方体块，实现色块的运动效果，如图15-40所示。

图15-40　色块运动效果

15.3.1　创建模型

一个好的色块运动效果，离不开逼真的造型。因此，在本案例中的建模操作，需要广大读者认真创建出精美的模型，方便实现动画效果。

步骤1 在前视图中创建平面对象，长度和宽度段数分别为15和20，如图15-41所示。

步骤2 利用"自动关键帧"动画，创建0帧到40帧各前移动位置的动画，在此不再赘述。

图15-41　平面对象

15.3.2　创建发射器

在色块运动动画中，仍然使用的是"粒子流源"粒子，只是在事件当中使用了另外的动画事件，本案例即讲解如何掌握另外的事件。

1. 添加

步骤1 添加粒子对象，按数字【6】键，弹出粒子视图，添加mpparticles flow事件，如图15-42所示。

步骤2 在库中，将"位置对象"添加到当前事件中，如图15-43所示。

图15-42　添加事件

图15-43　添加位置

步骤3 在位置对象的参数中找到发射器对象，拾取"平面001"物体，在场景中单击选择平面对象，如图15-44所示。

图15-44 拾取物体

2. 粒子平铺发射器

步骤1 在位置对象的参数中，选择"锁定发射器"选项，在位置选项中选择"所有顶点"选项，如图15-45所示。显示粒子的平铺效果，如图15-46所示。

图15-45 选中参数

图15-46 平铺效果

步骤2 在仓库中选择"出生操作符"，如图15-47所示，单击并拖动到"Birth Grid"位置，直接完成事件替换。

图15-47 事件更改

图15-48 替换事件

步骤3 设置出生操作符的数量为366。

> **注意事项**
>
> 数量336，这个数值是我们平面的顶点数目，要想查看定点数目，把鼠标放在平面物体上，右击，找到对象属性，打开对话框，可以看到顶点数目。

3. 替换粒子效果

步骤1 在场景中单独创建粒子系统和小长方体，如图15-49所示。

图15-49 创建粒子和小长方体

步骤2 为长文体添加"多维/子材质",添加贴图,如图15-50所示。

图15-50　添加贴图

图15-53　获取图形后结果

步骤3 选择粒子对象,在仓库中选择"图形实例",如图15-51所示。将其替换"形状控制符"。

图15-51　选择图形实例

图15-54　创建平面

步骤4 在参数面板中,单击"拾取"按钮,选择场景中的小长方体,如图15-52所示。

图15-52　拾取长方体

图15-55　添加贴图

选中"获取当前图形"复选项,生成平铺后的效果,如图15-53所示。

4. 将材质平铺到粒子上

步骤1 在前视图中,沿粒子轮廓,创建"平面"对象,如图15-54所示。

步骤2 在粒子视图中,将"映射对象"添加到事件中,选择"贴图对象",在"来源对象贴图"中选择平面对象,如图15-55所示。去掉"每个粒子的统一颜色"复选框。

查看场景中的贴图效果,如图15-56所示。

图15-56　贴图

209

5. 修改动画效果

步骤1 打开粒子视图，按着【Ctrl】键的同时，选择"mp 图形""自旋""mp world""显示"四个选项，单击并拖动到旁边的空白位置处，如图 15-57 所示。

图15-57 移动位置

步骤2 选择事件 002 中的显示图标，然后按住【Shift】键不松开，单击拖动到事件 001 的最下面，如图 15-58 所示。

图15-58 拖动事件

步骤3 选择"年龄测试"按钮，将其拖动到事件 001 的位置，调整测试参数，如图 15-59 所示。

图15-59 年龄测试

步骤4 设置完成后，在粒子视图中，单击拖动连接两个事件，如图 15-60 所示。

图15-60 连接事件

步骤5 选择事件 001 的标签，在右侧参数中单击"传递材质"按钮，选择更新材质下面的"下游材质"选项，如图 15-61 所示。

图15-61 下游材质

步骤6 将场景当中作为发射器的平面 001、作为贴图坐标的平面 002 和小长方体等对象，将其隐藏。播放查看效果，建议进行渲染，查看效果，即可实现色块的运动效果。